BCG 問題解決力

一生受用的策略顧問思考法

徐瑞廷 著

目次

共創能力導向的學習模式

李吉仁（臺灣大學國際企業學系名譽教授、誠致教育基金會副董事長）

「學用落差」一直是大學教育的痛點，尤其愈是研究型的大學，教師愈需要有卓越研究，方能升等，若還要在教學上反映多元實務場域的需要，當然會有涵蓋面與深度的差距。為了縮小這樣的落差，大學通常會邀請企業或實務界菁英入校開課。對於商管學院來說，儘管不少菁英學生對於「企業顧問」這種雙 HP（High Pay & High Pressure）工作有興趣，但囿於還在任的資深顧問的時間限制，一直少有顧問業的實務課程。

2013 學年上學期，臺大管理學院能夠誕生「策略顧問：方法與實務」（Strategy Consulting: Approach and Practice, SCAP）這門課，除了個人因緣際會能認識波士頓顧問公司

（BCG）臺灣分公司負責人，徐瑞廷（JT）董事總經理之外，更要感謝 JT 與幾位本身即是臺政大校友的顧問們，預見這種解決問題方法與實務的課程，對潛力人才職涯發展的助益，而願意在極為緊張的工作行程下，完全義務地透過授課、分享或導引，貢獻專長經驗給同學。

　　儘管在每年課程結束後，我們都不知道下一學年是否還能如期再開出這個課程，但竟然可以在教與學雙方高度期望與非常正向的課程反饋下，連續 8 年開課，沒有「斷電」過；甚至，從第二年起，我們也撥出四分之一的席次，供政大學生以零學分的方式加入共學。

　　歷經 8 年的授課與反饋經驗，感謝 JT 能夠將 SCAP 課程的完整內容出版成書，讓 SCAP 從此有了「專屬教科書」。更重要的是，由於每年申請這門課的學生，幾乎是最後錄取人數的十倍，因此我每年都需要處理不少沒能錄取學生的旁聽請求。現在，我可以請他們用這本書自修，應該也可產生若干學習效果才是。

　　當然，除了全程由 BCG 顧問授課的吸引力外，SCAP 課程從第二年起，每次都邀請七八家企業提出真實面臨的問

題，讓修課學生運用顧問解決問題的技術，在 BCG 顧問的教練式導引下，提出「學生顧問」等級的策略建議。令授課老師和參與企業感到欣慰的是，雖是學生作品，但卻有接近顧問等級的內容與品質，真正落實問題導向／行動學習（problem-based/action learning）的效果。

　　綜觀本書內容，完整呈現了問題解決的三根支柱（批判思考、邏輯思考、假說思考）的真義與方法，尤其對於 BCG 重視的假說思考法的說明與實務運用，提供非常淺顯易懂的導引，讓讀者能夠透過刻意練習，培養解決問題的素養與能力。

　　不同於其他同類型書籍的是，本書清楚地鋪陳國際級顧問公司協助客戶解決問題的專案執行流程，以及擔任顧問專案中不同角色的關鍵心法，對於有志於投身頂尖顧問公司發展的人才，是非常有「臨場感」的職涯參考書籍。即使不是進入顧問業服務的朋友，本書內容亦可協助發展策略性思維與專案企劃能力。當然，書中內容雖然淺顯易懂，但厲害的顧問功力，肯定需要「臺上十分鐘，臺下十年功」的歷練，本書當可以協助更多人「練功」！

　　很高興看到本書的出版，更榮幸有機會持續與 JT 及許多位 BCG 的顧問們合作，共創一個真正能力導向、有學習成效的產學課程。誠如非洲諺語所言：「養個孩子需要全村的力量。」（It takes a village to raise a child.），希望本書的出版，可以激勵更多企業與菁英將有用的實務內容帶入大學校園，讓產學兩界合力提攜臺灣下一代的國際競爭力！

【推薦序】

大道至簡：每個人都能學會的策略思考方法論

柳育德（元智大學管理學院助理教授）

　　2013 年秋天，我有幸加入 BCG 與臺灣大學合作的課程「策略顧問：方法與實務」的籌劃團隊。當時，這門課程是全新的嘗試，初衷是希望能藉由 BCG 策略顧問的思考架構，以及接近新進顧問面臨的專案實戰情境，培養學生獨立思考與解決問題的能力。時至今日，課程進行了 8 年，依然廣受好評，年年爆滿。由於場地限制和課程設計的緣故，每年只能提供 50 多位學生及 8 間企業客戶參與課程，總有許多人向隅。

　　如今，瑞廷以這幾年的課程精華為基礎，加上個人的洞見與思維，將解決問題的思考與實戰技巧彙集於本書，不藏

私地完整呈現在所有人面前，讓每一位願意提升自身解決問題能力的人，手上都能有一本易懂又實用的入門書，實為難能可貴。

這幾年來，我和課程中的企業客戶、校友持續保持聯繫，時常討論起 SCAP 課程內容對於企業成長策略與個人職涯發展中帶來的助益。除此之外，我自己擔任企業顧問與授課時，也經常運用瑞廷於課堂中傳授的心法與技巧。整理過往的心得與回饋，我發現，本書闡釋之架構，除了能提升個人解決問題與獨立思考的能力，亦能提升企業整體的組織能力。

有位企業的執行長前一陣子跟我說：「我原本跟中高階主管溝通都很焦慮，常常覺得他們答非所問，後來我遵循您提的 BCG 辨識問題原則，和主管一起思考討論，除了打破我個人的許多盲點，更棒的是，現在每次他們報告時，我只需要問他們一句 so what（所以呢），他們就知道我的意思了。現在這套方法論已經成為公司新進主管必須先修的課程。」由此可知，BCG 問題解決力不僅能協助企業擬訂策略，更重要的是能扮演組織溝通的語言與標準。

　　本書內容之所以能夠通用於不同的情境與脈絡，讓不同背景的人都能輕易上手運用，最主要的原因，就在於整套方法論的簡單明瞭，以及結構編排的清晰易懂。

　　本書前半段主要闡釋思考的內功心法，一開始先說明辨識出真正問題的重要性，進而將批判思考與邏輯思考的精華，收斂轉化成三個簡單問題：「是否為真？」、「所以呢？」、「為何如此？」讓人可隨時提醒自己是否陷入思考的盲點。接著闡述 BCG 顧問解決問題時的重要概念：假說思考與金字塔結構，說明策略顧問如何能夠在短時間內精準且有效地帶給客戶洞見。

　　後半段從第五章開始，一一說明策略顧問常見的實戰外功招數，包含如何運用質化訪談與量化分析技巧來進化假說，以及如何將洞見編寫成好的劇本，再以專業的簡報進行溝通。最後，巧妙地以最務實的執行面：專案管理的章節作為結尾；畢竟，再好的策略與規劃，都需要靠團隊來執行完成。我想，本書豐富卻又清晰易讀的內容，必然能為充滿好奇心的每位讀者帶來滿滿的收穫。

　　我們面臨的未來世界，典範轉移將成常態，唯有直視問

題的本質，方能勇敢面對未知，讓我們從現在開始，好好培養自己直視問題本質的能力吧！

解決問題就是一種專業：
策略顧問這一行

「在專注於細節之前，必得先構思大目標，如此一來，所有細節才能堆砌出正確的方向。」

——艾文‧托佛勒（Alvin Toffler），
美國當代趨勢作家、《財富》雜誌前副總編輯

　　本書的緣起，是我在臺灣大學管理學院與李吉仁教授合作的一個講座，原本是要向大家介紹，從事策略顧問這一行究竟需要具備哪些專業，沒想到決定開課之後，意外吸引了滿堂的學生。

　　來自商學院、文學院、醫學院、法學院、理工學院的學生，不畏懼嚴格的中英文篩選，只為爭取到課堂上的一席座位。在這裡，有一整個學期的繁重課業等待著他們。

　　除了平日上課之外，還要利用空閒時間進行分組討論、個案沙盤演練，學期末也要繳交正式簡報，可想而知，這將耗用許多課餘假日的時間。這堂課只有兩學分，但是學生平均一週得花上 15 ～ 20 個小時做準備。即便如此，報名的學生依然絡繹不絕。每一年，我們都收到數百位優秀學生的申請，為了搶這堂一年只收 50 幾位學生的課。為什麼？

　　我問過幾位修過課的學生，他們說：「這是我大學上過最有價值的課」、「這門課讓我想盡可能探索自己的極限，跳脫以往的思維框架」、「這堂課最大的收穫來自於將課堂所學應用於專案實作，透過不斷的討論和激盪，更明確定義出要解決的問題，加上顧問的提點和引導，完整地鍛鍊了我的思維能力」等等。

你該期待什麼──策略顧問由裡到外的思考心法

　　很多人常開玩笑說，策略顧問是門耍小聰明的行業，拿客戶提供的資料來告訴客戶該做什麼決策，就像是「拿你的

手錶，告訴你現在幾點」。在這句玩笑話背後，不難看出一般人對於策略顧問的誤解，以及策略顧問在人們心中似是而非的模糊概念。

市面上關於策略的著作不勝枚舉，這些書大致上分為兩種類型：一、大思維型（big ideas）的概念著作，例如麥可‧波特、彼得‧杜拉克、大前研一等策略趨勢大師的作品；二、工具技巧型（tactics），介紹各個大型策略顧問公司內部使用的思考工具，或是個別策略顧問所分享的個人思考技巧。

這兩種類型的著作都有其價值，但對於一般讀者而言，只讀「大思維型」或「工具技巧型」的書常會遇到幾個問題，譬如：「現在我知道了這個趨勢，也認同其重要性，但我該如何落實到我的公司以及個人生活中？」即使是一個積極的讀者，認真鑽研了各種類型的著作，想靠一己之力將兩者融會貫通，也不是件容易的事。

在本書裡，你將得以一窺波士頓顧問公司（Boston Consulting Group, BCG）由裡到外、從「內功心法」到「外功招式」的完整面向。本書的內容，說穿了就是 BCG 養成

一個新進顧問的武功祕笈。

首先，要請你了解，策略顧問的核心工作，除了制定策略之外，更重要的是幫助企業執行長解決商業問題。比方說，提升業績、尋找新的商業機會、改善營運效率、調整海外市場策略、提升組織運作效能、公司轉型等。

為了提出有效的建言，顧問公司除了要有懂得相關議題與產業的專家，策略顧問本身還必須要有一身好功夫，面對問題時，懂得抽絲剝繭、找出關鍵，並且確實說服客戶採取行動。

策略顧問這一行就像做壽司，想要成為壽司師傅，從拜師的那一刻起，可能在三年之內都碰不到食材，只能掃地、擦桌，唯一碰得到的食物，或許只有收盤子時倒掉的廚餘。當顧問也是一樣，剛入行的前三年，你所接觸到的全是工具性的能力，像是訪談、資料分析、撰寫投影片、簡報等等，但策略顧問的精髓，以及策略顧問對於客戶而言最重要的附加價值，並不只是這些工具性的能力，而是透過時間與經驗累積而成的解決問題的能力。

　　接下來的章節，將會與各位分享 BCG 顧問實戰時必備的核心能力（core skill），包括如何問對問題、如何解決問題、如何從訪談中獲得資訊、如何使用定量分析工具、如何規劃與管理工作進度、如何撰寫投影片，以及如何與客戶溝通等等。

　　除了各種實用的工具技巧，本書也將分享 BCG 顧問之所以發展出這些工具的緣由、使用的時機，以及實務上發生的種種問題與發現。整體而言，如果你想知道策略顧問在筆挺的西裝背後到底在想什麼、做什麼？抑或是抱著踢館的心態，想要挑出策略顧問的毛病，在這本可以說是「策略顧問大揭祕」的書裡，都能給你一些答案與討論，以及思考的方向。

看完本書，你可以帶走什麼？

　　本書涵蓋的內容，大抵上是 BCG 訓練新進顧問時會涉及的範疇。對於有志往顧問業發展的人，或許可以從這些分享中，大致看到顧問業最真實的樣貌；若想及早開始培養能

力，也能比較有方向性，並提升求職時的競爭力。另一方面，對於大多數並非真的想要踏進顧問業的人來說，本書所提供的一些知識與技巧，例如假說思考法、問題解決程序、簡報技巧等等，相信也能在工作上及日常生活中面臨問題時，帶來一定程度的助益。

除了方法與技巧之外，你是否能成為一個敏銳的問題解決者，關鍵在於思考問題時的態度。

任何行業都有必須學習的專業知識。廚師需要熟悉食材，並懂得如何運用各種烹飪技巧帶出食材的美味；醫生需要熟悉病徵，並懂得如何運用藥物及手術治癒病患；律師需要熟悉法律條文，並懂得如何運用法律論述為客戶爭取最大權益。而策略顧問也是如此，無論是訪談、量化分析、專案管理、製作簡報及活用各種商業知識，都是策略顧問必備的基本專業技術。

然而，這些技術都只是工具，即便是不可或缺的工具，但終究不是真正附加價值的來源。只要投注一定程度的心力學習，每個人都能掌握策略顧問所使用的技巧，因此，只學技術並沒有辦法創造屬於你個人無可取代的價值。

策略顧問之所以能對問題追根究柢，背後是由簡單的三句話所主導：

1. **是否為真？**（Is It True?）：你所看見的問題真的存在嗎？少子化、人才外流、M 型社會，這些人們常掛在嘴邊的現象真的存在嗎？

2. **所以呢？**（So What?）：這個問題或現象會造成的影響為何？對你的意義為何？舉例而言，少子化會造成你的扶養負擔加重嗎？

3. **為何如此？**（Why So?）：為什麼這個問題會導致這些影響？兩者之間的連結為何？是什麼原因導致少子化？是經濟抑或是社會主流價值觀改變呢？

遇到任何問題，無論是工作上所接觸到的商業問題，或者僅僅是看到新聞報導中的某個社會議題，都要養成習慣，以三階段的問題來拆解你的所見所聞：（一）是否為真：這個問題真的存在嗎？（二）所以呢：有什麼影響？（三）為何如此：為什麼會有這種影響？

近幾十年來，無論是臺灣的大學、國高中校園，或是職場新人的圈子裡，「培養獨立思考的能力」都是個熱門的

討論話題，也是很多人追求的目標。然而，我們必須探討的是，到底什麼才是獨立思考的能力？以及，要怎麼培養出這個能力？

獨立思考，代表著你能透過邏輯與洞察力，不僅看見問題，還能挖掘出問題的本質，並找出因應的對策來解決。無論你身處哪個行業、哪種職位，雖然面對的問題迥異，但獨立思考絕對都是最能幫助你創造附加價值的能力。即使不在工作場域，我們生活中的方方面面也都充斥著各式各樣的問題。當你面對生活上的問題時，應該不難感受到，如果只有技術層面的能力，根本無從解決這些必須追根究柢才能理清的繁雜問題。

要如何培養獨立思考的能力？只要養成追問上述這三個問題的習慣，無形之中就能不斷累積自己剖析問題的能力，進而讓你能從容地面對各種挑戰。因此，無論你遇到複雜的商業問題，或是在媒體上吵得沸沸揚揚的社會議題，若想要真正「獨立思考」，提出有根據、有洞見的見解，最終還是要回歸到這三個問題：是否為真？所以呢？為何如此？

你準備好了嗎？做好「成為獨立思考者」的心理準備

在繼續讀下去之前，我希望諸位讀者能做好一些心理準備。這並非是專斷的要求，而是從我持續作為一個學習者的角度所提出的建議。

首先，同時也是最重要的一點：不要把本書當成聖旨，照單全收。

本書所分享的內容，大抵是從策略顧問的觀點出發，是經驗談、也是心得，所以你有完全的權力去挑戰、去質疑，而我也建議你這麼做。如果你不挑戰、不質疑，恐怕無法將本書所分享的知識內化，進而應用於自己的生活中。知識的內化，不只需要從懷疑出發，甚至需要鑽研到走火入魔的境界才有可能達成。如果你能因為懷疑本書的說法，進而發展出適用於你個人的方法與態度，那才是本書最大的成功之處。

第二，本書不會讓你看完就功力大增。書裡所分享的，是 BCG 顧問們每天 24 小時持續在進行的工作，然而，如果

我向諸位保證，看完本書就能成為一名優秀的策略顧問，肯定是言過其實。

想要熟練、內化這些資訊，最有效的方式是將自己暴露在持續練習、嘗試、學習的環境中。以訪談技巧為例，雖然書中將會毫無保留地揭露 BCG 的訪談技巧，但即使是 BCG 顧問，多半還是得經過好幾年每天與客戶訪談、不間斷地練習與學習之後，才能真正掌握訪談技巧的精髓。因此，在看完本書，初步認識了策略顧問的工作方式之後，不斷地尋找機會進行實際演練，絕對是增強自我能力的不二法門。

第三，讀完本書後，你只需要記得三件事。讀書就像是一趟旅程，最重要的是享受這趟旅程帶給你的體驗。回想我們在大學林林總總上了那麼多課，此時此刻能夠想起的又有多少？然而，能夠回想起的，必然是對我們有重大影響、造成重大改變的少數幾個想法。因此，如果你能享受閱讀本書的過程，並在最後得到三件即使 20 年後也還能記得的事，那就算不虛此行了。至於為什麼是三件事，而不是兩件、也不是四件？理由是策略顧問習慣用三點總結。三點總結不會過於簡化，也不會太雜亂，所以能加深聽者印象。

如何問對問題

「真正危險的，不是錯誤的答案，而是錯誤的問題。」

—— 彼得‧杜拉克，現代管理學之父

為何需要問「什麼才是問題的本質？」

隨著商業世界愈趨複雜，生活在其中的我們，每天所面對的問題也愈來愈盤根錯節。身為一個專業的問題解決者，除了找到問題的答案，找出對的問題更是重要，兩者缺一不可。

然而，從小在臺灣的教育體系中長大，我們已經習慣「回答一個正確答案」，卻從未學習過如何「問一個正確問題」。是否擅長「問對問題」，決定了一個人是否有能力獨立處理工作上的大小事。

進入職場，成為一名經理人之後，無論是上司、下屬或合作的廠商，每天都會丟出一堆問題期待你能夠解決。員工抗議薪水太少，下游廠商抱怨貨品有瑕疵，或者你發現有人利用公司的資源，私底下經營副業。無論是績效、團隊，甚至公司治理等等，每天要面對的事情千頭萬緒，你該怎麼判斷哪些問題才是重要的？哪些必須優先處理？以及在種種表面問題的背後，到底什麼才是問題的本質？

由於資源與時間有限，因此必須找到問題的本質，才能

集中資源，有效率地從源頭徹底解決問題。

「問題」是什麼？「問題解決」又是什麼？

　　在開始談問題本質之前，先簡單定義一下何謂「問題解決」。通常，所謂的問題就是「現狀」與「目標」的差距。一個清晰的問題解決方案，表示釐清了三件事：「現狀」、「目標」，以及從現狀達到目標的清楚「途徑」。

　　當一個人採取的行動，很明確是基於這三個要素，我們會認為這個人很有策略性（strategic）思維。因為他知道自己的起點、自己要什麼、缺什麼，並採取相關行動來得到自己要的東西。

　　舉個大學生選課的例子來說明：如果小明選修某 AI（Artificial Intelligence，人工智慧）課程，純粹是因為跟著學長姐一起選，或者剛好該堂課最熱門，那就不能說小明很有策略性，因為他不清楚自己要達到什麼目的。

　　反之，如果同樣修這堂 AI 課程，原因是小明想應徵的某間大型網路公司，徵選軟體工程師的基本要求是要對 AI 有基礎程度的理解，那麼在現狀（大學生）、目標（進網路公司當工程師）、途徑（修 AI 課程）三要素清楚的前提下去修課，就可稱為很有策略性。換句話說，小明利用修 AI 課程，解決進入網路公司的「問題」。

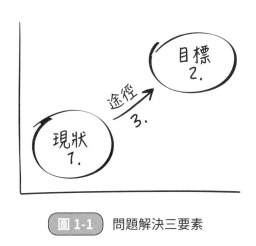

圖 1-1　問題解決三要素

　　策略性思考的好處，是能夠在資源有限（無論是讀書的心力、時間，或是企業的資金、人力）的情況下，將資源做最有效率的運用，以達到設定的目的。

問題解決三要素

一、釐清現況

現狀，就是問題解決前的狀態。

要釐清問題現況（英文稱為 baselining），即使是由身經百戰的策略顧問來負責，都未必是件簡單的事。假設你要幫一個客戶做未來的人力規劃，但當你去問執行長，他的公司明年會有多少人退休，他很有可能答不出來，或是給你錯誤的資訊。因為執行長的層級太高，可能不容易立即得到第一線的人力資料，也或者是執行長根本不在乎有多少人退休，甚至還有一種可能，是執行長底下的主管刻意隱瞞，或是為了拍執行長馬屁，只報喜不報憂，提交錯誤的數據。

如果連公司明年有多少人退休都搞不清楚，你該如何進行未來人力規劃布局？怎麼知道明年該新聘多少人？要聘什麼樣的人？

在實務上，各層級的主管刻意隱瞞或謊報資訊的情況不算少見，雖然不是每個公司都有這樣的問題，但這凸顯了

一個在釐清現狀時會出現的困難：*即使是客戶自己提供的資料，也不能照單全收。*

除了客戶本身提供的資料，所有來自券商、分析師、智庫、政府等單位所寫的產業報告，都一定有諸多隱性的假設藏在背後，絕對不能在沒有確認的情況下就深信不疑。

何謂「隱性的假設」？舉例來說，當你在閱讀一份「烘焙產業」的報告時，光是這份報告如何定義「烘焙產業」就值得你去反覆思量。「糕餅」算是烘焙產業嗎？那「飲料」呢？如果飲料不算，那臺灣有相當高比例的麵包店都有兼賣飲料，這部分的產值該怎麼計算？不難想像，只要此一小小的定義不同，整份報告的數字，比方說整體市場規模，可能就會天差地遠，而這還只是個比較直接的例子。在實務上，無論是閱讀報告、訪談，所有你搜集到的資訊都存在著隱性的假設。

回到釐清現況的問題，想要研究現狀，在觀念上不難，不論是市場大小、目標客戶、客戶旅程、通路或競爭態勢等等。真正困難的，是如何找到正確的資訊，或者如何利用各有瑕疵的資訊，拼湊出現狀真實的面貌。

二、訂定目標

目標，就是問題解決後能達到的狀態。有可能是達到某個業務目標（如營收達 5 億元、市占率達兩成、利潤提升 15% 等），或者是某些里程碑（例如與某個通路商簽訂代理合約、拿下某個大客戶的訂單等）。

目標一旦定下來，就能確立現狀與目標之間的差距，而該差距也將成為企業運用資源的依據。

譬如同樣是個人電腦產業的公司，有一家在五年後的目標是變成像路易威登（Louis Vuitton）一樣的奢侈品，將電腦精品化；另一家的五年目標則是變成第二個聯想電腦，想把產品普及率衝到最高。由於目標不同，這兩間公司運用資源的方式當然也會天差地遠。只有在公司確立大目標之後，才能避免公司裡的每個人每天都在埋頭苦幹，但卻不知道工作內容或專案重要性的優先順序，導致大部分時間可能都浪費在一些無關緊要的瑣事上。

對於中階主管而言，目標可能是他每年的業績數字。若目標訂太高，導致實際業績低於目標業績，可能會因此拿不

到績效獎金；但若目標訂太低，很有可能被上層視為無能，甚至直接被開除。以中階主管的立場來說，無論是將目標訂得太低或太高，對他本身都會造成傷害。換言之，無論是企業的大方向、各階主管的績效，甚至是每一個員工的表現，都要在目標明確的前提下，才能聚焦未來的資源投入，以發揮最高的工作效率。

三、建立途徑

　　釐清現狀、訂定目標之後，接下來必須建立一條清楚的途徑，協助你從現狀往目標邁進。建立途徑是一項極為繁複精細的工作，不只得搞清楚公司需要什麼樣的能力，還得有系統地制定養成方法。

　　在策略顧問發展初期，那個只給客戶「大思維」（big ideas）的時代，完成客戶委託的專案可能只需要三到四個月。演變至今，要幫客戶完成企業轉型，至少得花二到三年的時間，也要在公司內部與客戶密切討論、一起工作。三個月與三年的差別，某種程度上也顯示出，雖然建立途徑是策略性思考的最後一個步驟，但在實際執行上的難度卻不亞於前面兩者。

識別問題本質，找出根本原因

　　這些乍聽之下似乎很容易——解決問題只要搞清楚現狀、目標，以及彌補差距的途徑。那麼對經營者而言，真正的困難點在哪裡呢？就是眼前似乎有解決不完的問題。

　　除了憂心當年度業績與財報如何達標，也要煩惱未來技術是否夠有競爭力、是不是該和某些公司結盟、該怎麼強化通路、是否該買下某公司以強化公司產品線、組織是不是太過僵化、如何和網路公司搶數位人才……，幾乎每個執行長都能列出幾十條煩惱的事項。

　　更複雜的是，這些問題之間可能互有關聯。比方說，業績下滑的問題，可能是通路商激勵不足的問題所導致；而通路商欠缺激勵、不想賣你的產品，又有可能和新產品吸引力不足相關；而產品力不夠，又可能與拿不到關鍵零組件有關係；換句話說，是供應商管理出了問題。

　　經營資源有限，不可能一一解決每個問題。所以，真正具有策略思考能力、能解決問題的經營者，必須抓到關鍵問

題，將有限的人力、財力、物質聚焦在這些問題本質上。

　　看清問題的本質，有時也稱為找到根本原因（root cause）、關鍵驅動因素（key driver）或關鍵槓桿（key lever），這是策略顧問最重要的問題解決核心技能之一。

有效釐清因果關係

　　釐清因果關係，是為了要幫助你找出根本原因，並藉此建構出邏輯的結構。

　　通常，擺在我們眼前的問題，就好比漂浮在海洋中的冰山，可見的僅只是最表面的十分之一。若不往下探究造成該問題的根本，不僅無法有效解決問題，浪費的時間、精力、資源更是不計其數。

　　如果將可見的問題視為「果」，那探究問題的根本就是找出「因」。挖掘問題本質的方法並沒有什麼特別的訣竅，最有效也最直接的，就是不斷問自己「為什麼？」。

解決問題的 Sweet Spot：兼具影響力與可解性

　　雖然對問題追根究柢很重要，但在實戰中，並不是挖得愈深愈好，而是必須找到一個 Sweet Spot（甜蜜點），也就是——這個有待解決的問題，需要有足夠的影響力（impact），而且也是你能夠解決的。舉個簡單的例子：假設你的好朋友發燒了，你該怎麼解決他的問題？

■ 表層症狀：發燒

　　「發燒」是你唯一能看見的症狀，若不管發燒的原因，最直覺的方式就是從冰箱拿出冰枕，讓他躺著、幫他降溫。可能的結果，其一是他很幸運地沒有什麼大問題，你因此徹底治好了他發燒的症狀；其二是他仍然不斷反覆地發燒，而你只能在他再度發燒時，拿冰枕幫他降溫。在他發燒時幫忙降下體溫固然重要，但若沒有追究他為何發燒，就只是治標不治本地消耗你的時間與精力。

▌表層原因：感冒

當你問這位好友：「為什麼會發燒？」得出的第一個答案，可能是他「感冒了」，於是你知道，要解決發燒的問題，只需要治好他的感冒即可，方法就是去看醫生、到藥局買感冒藥。但是，這仍然無法解決他為何反覆感冒發燒的問題。

▌中層原因：生活習慣

如果再進一步問他：「為什麼會感冒？」進而發現他時常在忘了關冷氣的情況下，睡在客廳的沙發上直到清晨。此時你開始能夠看到「發燒」的症狀底下，比較有意思的原因為何。基於「忘了關冷氣就在客廳睡著」的觀察，能提供的解決方案就更多元了。譬如，將冷氣溫度調高、在客廳放一條備用毯子等等。

當你再向下深挖，探究他為何晚上老是在客廳的沙發上睡著，進而發現原來他特別喜歡看深夜談話性節目，總是看著看著就不知不覺睡著了。多了這層理解，思考解決方案的廣度又能更擴張一些。針對他看深夜節目的習慣，可以建議

他多買臺電視擺在臥室裡，或是購買有錄影功能的電視，甚至花點小錢訂閱線上節目，如此一來便不需要深夜守在客廳看喜愛的節目，自然也不會因此著涼感冒。

■ 深層原因：人體基因的缺陷

　　分析完可能造成他反覆感冒發燒的生活習慣後，若再繼續問「為什麼」，追問到最後，得到的解釋可能會變成「因為人體基因的缺陷，造成免疫系統有漏洞，導致我們必然會感冒生病」。

　　此一「發燒感冒」的例子想要傳達的，是策略顧問在解決問題時，除了必須深入挖掘問題的根本原因之外，還必須兼顧解決方案的可行性，也就是問題的「可解性」（feasibility）。

　　針對「發燒」的症狀，「用冰枕降溫」是純粹依照表層症狀下的處方箋，「感冒」則是發燒症狀最表層的原因，可以很輕易地以「吃感冒藥」解決。這兩層解決方案在策略顧問的標準中，都屬於「太淺」的範疇，無法幫助客戶（你的朋友）徹底解決問題。

　　然而，若持續深挖直到盡頭，雖然會得到一個你很篤定可以一勞永逸地避免感冒發燒的解決方案，也就是破解人類基因密碼、讓人類的免疫系統毫無漏洞，但這顯然不是可行的解決方案。解決方案若不可行，對客戶而言便沒有價值。

　　策略顧問要做的，就是找到問題根源的 Sweet Spot：夠深入，且具可解性。如同上述發燒的例子中，針對他的生活習慣上可改變、改進的部分，幫助他解決問題。

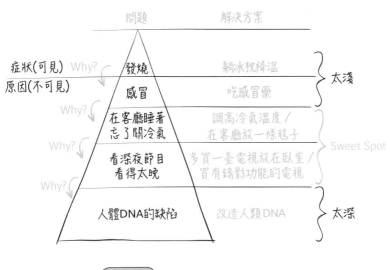

圖 1-2 解決問題的 Sweet Spot

　　「Sweet Spot」的概念在策略顧問的工作實務上，可說是最基本的原則之一。其中一個應用方式，是幫助你區別策略的影響力大小與可解程度高低。診斷公司問題時，一般而言，愈深層的原因，具有的影響力愈大；而愈容易解決的，即可解性愈高的，則是你愈能在短期內解決的。

　　若以簡單的矩陣圖做區分，即分別以議題的影響力（impact）與可解性（feasibility）作為兩軸。一間公司出現經營問題，追究到最後，往往都能歸結到公司文化或組織上的問題，而公司文化與組織雖然有極大的影響力，但解決的難度極高，需要投入大量資源、完整規劃，以及耗費長時間的努力才能達到，因此可以視為公司的中長期策略方向，而短期策略則包括像是採購、通路、定價等等。

　　在實務上，一間公司表層症狀下的原因，絕大多數都不是清楚可見的，因此幾乎不會有解決一個問題、就能解決所有症狀的情況。雖說如此，但根本原因往往不會超過三個，如果超過三個，通常代表你還沒透澈地思考過問題的癥結點。下次當你遇到問題時（無論大小），先試試看找出三個根本原因，並用影響力與可解性來做初步評估，便能透過練習找到思考的訣竅。

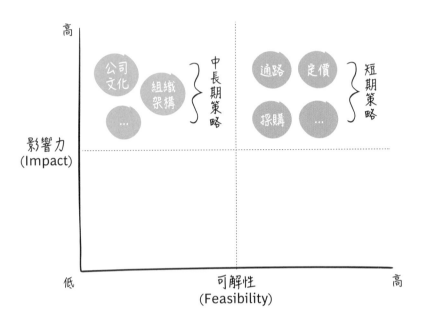

圖 1-3　影響力與可解性可用於區別公司短期、中期、長期的
策略重點。

Sharing Box
解決問題的基本信念

策略顧問每天面對的，大部分是客戶難解的經營問題。專案剛開始時，總是處於資訊轟炸、千頭萬緒的狀態，通常無法第一天就找到問題的正解。此時，若能秉持專業問題解決者的基本信念，就會給自己更強大的信心。這些信念不只對於顧問業來說很重要，對於想要成為問題解決者（problem-solver），或是希望提升自身問題解決能力的人而言，同樣很關鍵。

第一個信念：沒有無法解決的問題

當你成為一個決策者，或者站在決策者的高度去思考問題時，在絕大部分的情況中，你所看到的問題都是複雜、糾結且難解的。有心培養問題解決能力的人，在某種程度上必須由衷相信「沒有無法解決的問題」，這聽來或許有些天真，但要是缺少了這個信念，可能會讓你失去追根究柢的決心。

相信「沒有無法解決的問題」，會讓你在碰到瓶頸時不輕言放棄，而是用加倍的努力去尋求解答。這份樂觀的

決心，是專業的問題解決者與一般人最大的不同之處。

第二個信念：可見的問題，都是表象問題

身為問題解決者，首先要有懷疑的精神，亦即相信任何可以直接觀察到的問題，都只是根本原因的「症狀」。無論你是用什麼方式去追根究柢，都一定要經過思考的過程才會發現根本原因。這也是為什麼雖然客戶找上顧問公司時，手上通常會有一份問題清單，上面羅列出他們認為公司目前所遇到的困難，但顧問實際上開始幫助客戶解決問題時，最後找到的根本原因通常不會是客戶最初所看到的。

身為問題解決者，如果缺少懷疑與好奇，就無法找到問題的真正核心。

第三個信念：20 ／ 80 法則

20 ／ 80 法則，是指每個問題背後一定有著 20% 的關鍵點，能夠幫助你解決剩下 80% 的問題；而這 20% 的關鍵點，也可以說是問題的核心。在某種程度上而言，策略顧問業便是奠基在 20 ／ 80 法則上。如果沒有 20 ／ 80 法則，一般企業大可列張問題清單，然後見招拆

招、一一解決所有表象問題，理當就能讓企業毫無阻礙
地持續成長。策略顧問的核心能力，完全建立在幫助客
戶集中資源，找出並解決那 20% 的關鍵問題。

＊　＊　＊

這三點之所以是「信念」（belief），原因在於它不是
絕對的真理。你可以選擇相信，也可以抱持懷疑的態
度。但對於致力於精進問題解決的人來說，這會是極為
重要的觀念轉換。

解決問題的技術

「沒有什麼比缺少 insight 的行動更可怕的了。」

—— 歌德（Johann Wolfgang von Goethe），德國詩人

　　上一章淺談問題解決的 why（為何）與 what（是什麼），本章談談問題解決的 how（方法論）。在談方法論之前，先談 insight（洞察、洞見）。

從分析得到 Insight：BCG 的終極指導建言

　　「Insight」一詞可以說是 BCG 在協助客戶時的最高指導原則之一。所謂 insight，在 BCG 內部有個很簡單的判斷標準：（一）是否有客戶不知道的「突破性」；（二）是否有針對客戶獨特需求的「針對性」。

　　是否有「突破性」，這個條件很容易就能理解。從反面來看，所謂「沒有突破性」，就像是一開始所講的「拿你的手錶告訴你現在幾點」；告訴客戶一件他自己早已知道的事不能算是 insight，也不可能是 BCG 會提出的建議。

　　關於是否有「針對性」，舉例來說，假如你今天對客戶說「貴公司需要致力於提升核心競爭力」，這就是完全沒有針對性的建議。簡言之，只要你提出的策略裡「沒有主

詞」，亦即無論把主詞換成哪家公司、哪個客戶，句子都能成立的話，這就是沒有針對性、沒有 insight 的建議。而且這個「提升核心競爭力」的建議，甚至可以說是「客戶早就知道，又沒有針對性」的「廢話」。

有些資訊可能是客戶過去不知道、但卻沒有針對性的，我喜歡把該類資訊統稱為「教科書資訊」。例如，你跟客戶說他們目前面對的是一個「賽局理論中的囚犯困境」，客戶或許從來沒聽說過這個概念，因此要你好好解釋一番，於是

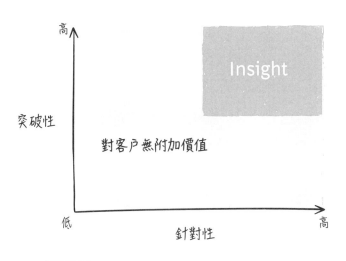

圖 2-1　Insight 必須具備高度突破性與針對性

你洋洋灑灑、仔細謹慎地解釋了一遍大學課堂學過的囚犯困境。客戶或許會認為你很聰明，但實際上你卻無法為客戶帶來任何價值。教科書資訊有其價值，但對於策略顧問而言，終究必須回歸到「如何幫客戶解決問題」的層面去思考，而不是自顧自地炫耀自己的學識淵博。

在接下來的篇章中，也會直接沿用 insight 一詞，而不會再做中文翻譯，原因是在中文詞彙裡很難找到完全傳達 insight 意義的字，也因為 BCG 內部一向都是直接使用 insight 來溝通。因此，在閱讀本書的過程中看到「insight」，只需要想到兩件事：（一）突破性；（二）針對性。

顧問的角色是幫助客戶解決問題，因此最終建言一定要有 insight，否則無法體現價值。沒有客戶會想花錢請你和他說他早就知道的事情，或是高談書上就找得到的觀念。這個原則在職場上仍然適用，能提出有 insight 的方案，才能體現出你真正的價值。

問題解決力

　　坊間有許多解決問題的相關工具書，提供初學者許多問題解決的框架或模板。雖然容易上手，卻也容易造成誤解，導致讀者認為只要套上工具模板，問題自然迎刃而解。

　　在顧問實戰經驗中，客戶肯花錢請顧問解決的問題，通常相對複雜，套用工具模板就能解決的問題少之又少。問題解決能力的主要來源，是如何運用這些工具，而不是工具本身。

　　將問題解決能力進行拆解，可分成三項思考能力和一個解決方法步驟，如圖 2-2。

① 批判思考 (critical thinking)

② 邏輯思考 (logical thinking)

③ 假說思考 (hypothesis thinking)

❹ **問題解決方法** (problem solving approach)

圖 2-2

首先，需要具有「批判思考」（critical thinking）的態度。面對所見所聞，不要一下子囫圇吞棗、全盤接受，也不應該瞬間否認；而是應該抱持質疑的態度，冷靜面對這些訊息，問自己：「這些是真的嗎？」、「我能相信訊息來源嗎？」、「我真的了解該訊息的含義？」、「這些對我的啟示是什麼？」等問題。

其次，用「邏輯思考」（logical thinking）來梳理思考架構，可幫助釐清因果關係，以及有效傳達訊息。

最後，以「假說思考」（hypothesis thinking）提升問題解決的速度。在開始收集情報與數據前，要先畫出一個靶，設立假說。確立自己為什麼要收集與分析這些訊息之後，再開始行動，才能有效利用資源，快速找到答案。

有了以上三個思考基礎後，最後就是解決問題的方法論。以下簡單總結，也就是問這三個問題：

- 面對當下情況，不論是觀察、數據或分析報告，都要發揮批判思考的精神，問自己：「是否為真？」（Is it true?）

- 如果驗證為真，再問：「所以呢？」（So what?）對關係人的影響大嗎？此處的關係人，可能是客戶、公司、部門、老闆，或是自己。
- 如果上述問題對關係人產生的影響夠大，再追問：「為何如此？」（Why so?）到底是什麼原因導致這些情況發生？

以上三個問題在前言中也有簡單提到，以下針對各項思考能力詳細說明。

批判思考的態度

「批判思考」，顧名思義，是對事情的表象提出質疑的思考態度。

「批判」二字聽起來雖然頗有負面的意象，彷彿是要你像反對黨一樣，無論執政黨提出什麼意見，你都必須反對。然而，「為了反對而反對」並非批判性思考的本質。

批判性思考是深思熟慮

批判的精神核心，在於獨立評估、權衡優劣是非的過程，因此也可以說批判性思考就是「反省式思考」（reflective thinking），或是「權衡式思考」（evaluative thinking）。

很可惜地，一般人在日常生活中所接觸到的，不管是發於自己，還是來自他人，大部分都是「無反省式思考」（unreflective thinking），遇到問題往往直接跳入結論，而不對問題本身多做思考。舉例來說，討論核四興建與否的問題，如果思考的方式是「連日本那麼嚴謹管理的文化，都無法確保核能電廠的安全，那臺灣的核能電廠遲早一定會出問題，所以反對核四」，或者是「先進國家如法國仍以核能發電為主，那核能一定不會有什麼問題，所以贊成核四」，就是一種沒有搜集充分資訊、未經驗證就妄下定論的無反省式思考。

如果以反省式思考來看核能發電問題，首先得問「核能電廠的安全問題是否真的存在」，假如透過搜集到的資料，發現某些核能發電廠確實存在安全疑慮，而且臺灣的自然環境（地質不穩定）或人為條件（施工品質不良）的種種資料

顯示，若在臺灣興建核電廠，確實有很高的風險會重蹈他廠覆轍，才能得出「臺灣的核電廠會出問題」的結論。

雖然「核能電廠不安全」的結論不一定錯誤，但這種跳過評估與論證過程，直接下結論的思考模式，在我們尋求問題的解決方法時會有很高的風險。

訓練自己成為一個更好的問題解決者，建立出一套具有邏輯的辯證過程，這樣在經過分析、搜集充足資訊之後，看到問題就不會驟下結論。

無反省式思考是一般人通常的習慣。原因很簡單，「輕鬆」二字便能總結。日常生活中遇到的大部分問題都是靠這種「直覺」來處理，「週末該排什麼計畫」、「晚餐該吃什麼」這類我們已經習以為常的瑣事，的確不需要多花精力去分析與搜集資訊後再做決定。

但是，當你面對的是「公司的市場占有率下滑」，或是「臺灣該不該興建核四」的複雜問題時，如果沒有意識到自己必須轉換為反省式的思考，而仍舊以直覺來處理，就會導致嚴重的下場。可怕的是，大部分的企業經營者，雖然可能

有豐富的相關產業經驗，卻都是用直覺在管理公司；這也是
為什麼無論你目前的職位為何，都應該及早培養、訓練自己
用「反省式思考」看待問題的習慣。

批判性思考是對自己絕對誠實

《論語》中的「知之為知之，不知為不知，是知也」，
精準地說明了批判性思考態度的另一個面向。若要洞悉知與
不知間的差別，別無他法，唯有對自己絕對誠實。

我們所接收到的絕大多數資訊，都是透過他人傳達的。
回到核能發電廠的例子來說，除非我們本身就是核能專家，
否則關於核能發電的種種資訊，皆是透過「專家」或「專業
機構」所撰述的。相信專家之意見固然重要，但若是盲目地
相信，而不問自己究竟對各個部分「懂」或「不懂」，就是
不夠誠實。

要對自己的知與不知絕對誠實，最大的阻礙就是當資訊
是來自於我們所信任的人，或是所謂的「專家」或「權威人
士」。由於這份信任、專業，讓你絲毫不覺得自己應該或能夠
挑戰他們，以致對於一件事似懂非懂，最後含糊苟且地放行。

以邏輯思考探求根因與組織思維

利用邏輯來推理，是顧問解決問題的基本技能之一。坊間有許多探討邏輯思考或推論的書籍，網路上也有不少介紹邏輯思考的文章。此處將從問題解決的實務出發，說明邏輯思考通常用在兩個方面：

首先，利用邏輯來分析、推論因果關係。推論可以是雙向的，換言之，可能是由觀察到的事項（因），來推論未來可能發生的事情（果）；或是從已經發生的結果，來推理導致該結果的原因。

其次，利用邏輯來梳理思考架構，以確保溝通有效易懂。

利用邏輯判斷因果

實務上，要判斷某事件的原因，一般的做法是先建立「why」的可能原因（也就是「假說」，下一節將詳細說明），後續再去驗證。

有些時候很容易驗證因果關係，比方說，公司整體業績

下滑，主要原因是某個主力產品線銷量出了問題，而該產品銷量出問題，是因為某個關鍵零件缺貨所導致。

然而，很多時候因果關係並沒有那麼容易判斷。許多新進顧問常犯的錯誤，便是在辛辛苦苦地交叉比對各種數據、套用統計公式之後，突然之間像在黑暗中看見一道曙光似的，發現兩組資料存在著看起來很完美的相關性，就誤以為相關性代表了因果關係。

譬如說，你發現在這間公司裡，員工年薪愈高，生育的小孩愈多，而且在統計分析的模型中，員工年薪與小孩數量居然呈現高度正相關。於是，你開始試圖找出兩者之間的因果關係，想知道到底是年薪高低影響小孩數量，抑或是小孩數量影響年薪高低。你提出幾個可能性：第一，年薪愈高，員工愈能負擔養育小孩的費用，於是生養小孩的意願愈高；第二，小孩愈多，員工愈感受到經濟壓力，於是愈努力工作賺錢。第一種可能是年薪為因，小孩數量為果；第二種可能則是小孩數量為因，年薪為果。但究竟哪種可能才是正確的？

若是急著用因果關係解釋兩個統計上具有相關性的數

據，就會出現邏輯謬誤，例如在這個案例中，你可能因此忽略了隱藏的第三個因素。這個隱藏的因素，或許才是這兩者共同的原因。以此案例來說，員工的年資可能就是隱藏的第三方。年資愈高的員工，愈可能生育較多的小孩，想當然爾，平均職級也會比較高，因此年薪就愈高。所以，員工的年薪與生育小孩的數量，兩者間根本不存在因果關係。

至於如何從某些事件來判斷未來可能發生的結果，常見的方式是尋找模式（pattern）。有些時候，顧問會把模式稱為關鍵成功要素（Key Successful Factors, KSF）。比方說針對某消費性電子產品，銷量高低最重要的關鍵，就是店面促銷人員的推薦，而促銷人員推薦的力度，則來自於產品本身知名度（好不好賣）與績效獎金的高低（對自己的好處）。所以，只要廠商願意花錢投放廣告、給予高額佣金，就能推測產品不會賣得太差。

此處要特別小心的是，這些行業的模式都有前提條件，如果前提改變了，模式也就不再適用。舉上例而言，如果消費者不再到店面消費，而是轉為線上購買，這個時候，給店面促銷人員再多的獎金可能也無濟於事，還不如把資源轉為聘請網紅做業配來得有效。

以上介紹了「批判思考」與「邏輯思考」，第三章會深入講述如何利用邏輯來梳理思維；接著，我們先來談如何以「假說思考」提升問題解決的效率，第四章則會說明解決問題的實際方法與步驟。

假說思考的方法

假說思考法是 BCG 的 DNA。*所謂「假說」，字面上來看即為「暫時性的答案」。而假說思考法，即是以假說為導向，將你的研究方向與目標圍繞在「證明假說是否正確」的概念之上。

BCG 在每項專案一開始時就會訂出假說，其中包含問題的假說（公司目前遇到的問題本質為何？）與解答的假說（解決該問題的答案為何？）。第一天所訂出的假說，雖然是最粗略的想法，在大部分的情況下也可能不是正確的，但

---

*　更多關於假說思考的內容，可參見內田和成所著《假說思考》（經濟新潮社）。

隨著專案的進行，在搜集到更多資訊、進行更多分析之後，會持續地推翻或驗證先前的假說，讓你能夠愈來愈接近最真實的情況。

這種先訂出不一定正確的假說，然後以驗證該假說是否正確為目標，讓整個持續驗證假說的過程，引導你找到並解決核心問題的原則，就是假說思考法。

為什麼需要假說？

顧問能夠快速解決問題，不是因為智商高人一等，而是因為解決問題的方法不同，而假說思考法便是造成差異的關鍵之一。

很多商學院的學生都有做專案的經驗。學生在做商業專案時，通常會在一開始先花大量的時間閱讀資料。假設專案的時間有一個月，大多數人常會不斷地閱讀資料，直到最後一星期，甚至最後三天才開始寫報告。這種花 80% 的時間搜集資料、20% 的時間寫報告的解決問題模式，BCG 稱之為「大海撈針式」（boil the ocean）的工作方式。

　　一般人之所以會花這麼大量的時間與心力去搜集資料，往往是因為對自己的信心不足，誤認為搜集的資訊愈多，對於最後的決策愈有幫助，但這其實是未受過問題解決訓練的人常有的迷思。

　　資訊愈多不代表對決策愈有幫助，「切中痛處」的資訊，才是解決問題所需要的。

　　BCG 是使用假說導向式的問題解決方法。在專案開始的第一天，專案團隊可能會花幾個小時閱讀資料，然後立刻就腦力激盪出一些假說。這些關於「問題本質為何？」、「因應策略為何？」的假說，雖然可能只有 20% 的正確率，但卻能幫助團隊在最短的時間內，找到專案的切入角度。

　　第一天產生出最粗略的假說之後，專案團隊接下來的工作，就是不斷透過訪談、量化分析、討論等方式，以確認假說的正確性。過程中，專案團隊會參考搜集到的資料，持續地修改、進化原本的假說。以假說為導向的問題解決方式，最大的好處就是能在最短的時間內，將資源集中在真正關鍵的問題點上，而不是花一堆時間像無頭蒼蠅似地大海撈針。

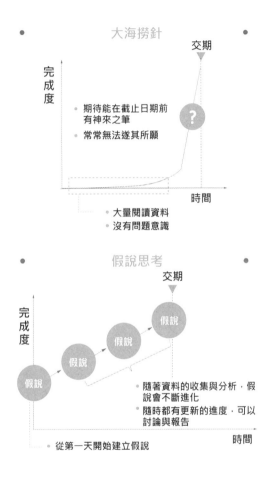

圖 2-3　大海撈針法 vs 假說思考法

大海撈針式的工作方法，花大量時間搜集各種資訊，期待在截止期限之前能夠有神來一筆，找到結論；過程中缺乏中間產出，無法與客戶討論。

假說思考式的工作方法，則是一開始先設定不見得完全正確的假說，然後透過修正錯誤的假說，有系統地一步步通往問題本質。

我過去在幫某國際企業客戶進行策略專案時，曾經碰過在專案開始後第三天，就立刻得向總公司執行長報告成果的情況。該客戶公司的執行長剛好安排了造訪中國分公司的行程，希望能與專案團隊碰面開會。如果是用大海撈針式的工作方法，根本不可能在第三天就向執行長提出什麼有建設性的分析。

當時 BCG 的專案團隊就是以假說思考法來應對：第一天看完一些資料之後立刻設定假說。第二天很快地打幾通電話，與公司內部的產業專家等人驗證假說是否正確，然後立刻修正、進化假說。第三天正式與執行長開會時，團隊便可以說：

> 「由於我們只有三天的工作時間，目前能向您報告的，第一是我們初步發現可能的關鍵問題點是在第二、三級城市，而未來可能的成長動力也在於此。接下來我們針對這個問題，將會進行的研究方向為⋯⋯」

雖然只是很粗略的想法，但是當客戶知道你已經有切入的角度，以及未來的研究方向之後，會對你的工作進度感到比較安心。

建立與驗證假說的方式

想要在專案一開始便快速建立假說，有許多作法，以下提供 BCG 在實戰中使用最頻繁的幾種途徑：

- 訪談討論：訪談是能夠深入了解產業或客戶公司營運狀況的方法，在建立假說的階段，BCG 顧問常會直接找內部相關的產業或議題專家簡單地聊聊，或者打電話與外部專家、客戶等詢問相關細節。詳細的訪談技巧，可見本書第五章〈用訪談找到真相〉。

- 現場走訪：會使用現場走訪建立假說的專案，通常是牽涉到消費者或通路的問題。譬如，你想知道某家電信業者的銷售手法，與其去查看資料，不如直接選出兩三間門市，直接到現場去觀察門市銷售人員的行為。甚至也可以到其競爭者的門市去觀察，一天下來，就能很快地知道各家廠商的銷售手法有何異同優劣，以及其他潛在的問題與機會。

- 文獻檢索：文獻檢索基本上就是上網搜尋相關的產業報告、研究資料等等，關於如何有效率地搜集並分析第二手資料，可參見本書第六章〈數字是解決問題的雙面刃〉。

- 一人獨想：在緊急狀況下，當你真的沒有時間多做研究時，也可以試著靠手邊有限的資料，利用邏輯思考，簡單地推論出可能的問題為何。千萬不要小看自己邏輯推理的能力，隨著經驗與產業知識的累積，憑空建立起粗略假說的能力也會與時俱進。

什麼是好的假說？

評斷假說的好壞，並不在於其正確性，畢竟假說的目的只是提供一個合理的方向，以進行修正與進化。對於剛開始練習使用假說思考法的人來說，太過在意初步假說的對錯，反而會讓你裹足不前。

BCG 在評斷假說好壞時，是以針對性（specific）、驅動性（actionable），與可證性（provable）三個指標來評斷。

好的假說需具有針對性

假說的針對性之所以重要，是為了確保用這些假說導出的最終策略建議，不會淪於空泛（generic）。舉例而言，沒有針對性的假說，像是「銷售管理有問題」，這樣的假說太

過籠統廣泛，缺少針對性。比較有針對性的假說則像是：
「銷售計畫與執行間有落差，計畫應往大客戶發展，但執行
層面仍以中小企業客戶為大宗」。

　　假說的目的是為了提供專案初步執行的方向，要盡可能
清晰、特定，太過籠統的假說是無法發揮作用的。

■ 好的假說需具有驅動性

　　驅動性是指，如果該假說為真，客戶就能清楚知道接下
來該採取什麼策略行動來解決問題，也就是對客戶具有「so
what」（意即「所以呢」）的啟示。

　　不具有驅動性的假說，像是「新進的銷售人員銷售能力
不足」，這樣的假說即使最後證明為真，對客戶的意義也不
大，因為還缺少了「該如何改善」的驅動力。比較具有驅動
性的假說則像是：「傑出的銷售人員無法有效地將優秀的銷
售技巧分享給新進人員」。若你在接下來的專案中證明該假
說為真，就能給予客戶直接的因應策略，如「定期舉辦銷售
技巧分享會，促進經驗交流」。

假說是為了發現問題與解決問題，具驅動性的假說，才能幫助你將專案導往策略的執行層面上。

■ 好的假說需具有可證性

既然假說必須經過驗證後才能確認真偽，那麼訂出無法被驗證的假說，對專案而言將毫無助益。可證性過低的假說，像是「產品開發能力太弱」，當你去思考接下來要如何證明該假說為真時，就會發現你還是無從下手。可證性較高的假說，則像是：「若導入某產品篩選機制，即可有效提昇明星產品比例」，若想驗證該假說真偽，可藉由檢視該產品篩選機制過去在其他公司執行的成效，或是在客戶公司進行試營運來檢視效果。

假說最終都需要被驗證，在思考假說時便考慮接下來該如何驗證，才能有效發揮假說的功能，幫助你縮短專案的執行時間。

運用金字塔原理
梳理思維

「好的想法不應該用糟糕的文筆來裝飾。」

—— 芭芭拉・明托（Barbara Minto），「金字塔原理」創始者

　　上一章提到，要利用邏輯來梳理思考架構，本章將深入探討，如何使用金字塔原則來建立遇到問題時應有的思維模式。

利用金字塔原理梳理思考架構

　　芭芭拉‧明托在 1973 年出版了一套針對商業寫作、

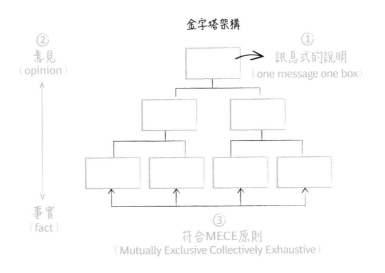

圖 3-1　金字塔架構的三大重點

思考與解決問題方法邏輯原理的著作《金字塔原理》(*The Minto Pyramid Principle*) 系列，書中提出的思考邏輯，也被策略顧問公司廣泛地運用。

金字塔原理的主要應用，在於幫助梳理思考邏輯架構，讓解決問題的建言架構更完整、邏輯更緊密，好處是讓聽者或讀者容易理解，進而被說服。在梳理邏輯的過程中，也可能發現自身論點的邏輯存在漏洞，可以進一步補強驗證。

金字塔原則有三個架構重點：

一、訊息式的說明（One Message One Box）

利用金字塔模型分析問題、陳述論點時，要記得以「訊息」(message) 的方式來說明。所謂「訊息」，簡單來說即為「一句有主詞、動詞、受詞的陳述」，而不是用籠統的一句話或一個詞帶過。實際的訊息式說明，包括「X 公司（主詞）要進入（動詞）中國市場（受詞）」、「Y 公司（主詞）不該花錢買（動詞）廣告（受詞）」等等。

二、「意見」在上，「事實」在下

使用金字塔架構來整理資訊時，愈上面的層級，擺的愈是「意見」（opinion）；愈往下，放的愈是「事實」（fact）。實際上，一個好的金字塔模型，只有最底層為事實，底層以上全都是意見。

在分析問題時，也可以把最上層的意見視為你對這個問題「症狀為何」的觀察，而針對該問題進行的原因討論，則可以逐層向下推進。因此，在分析問題時運用的金字塔模型，可視為：愈往下，就是繼續多問一個「為什麼」（Why）；反之，愈往上層，呈現的是「那又如何」（So what）。

意見與事實的區分，並沒有想像中那麼容易。即便是策略顧問，若沒有累積一定的經驗，也很難輕易地判斷看見的究竟是資料、意見，或是事實。原因在於有太多資訊看起來像是事實，但其實只是意見。以下使用六個不同的層次來區分較常見的幾種資料類型，其各自包含多少程度的意見與事實：

- 某人的主觀認知（Someone's Perception）

  只要是某個人表示的意見，無論這個人是否為該領域

的意見專家，在未經更進一步查證以前，都該視其為主觀的認知，或是個人的感覺或意見。例如某個人說「今年夏天女裝流行螢光色」或「紫色手機為未來兩年的新主流」，這些陳述可能來自頂尖設計師等專家，也可能來自菜籃族等一般民眾。你可能會覺得專家的意見比較可信，但在確認提供意見者具有公信力、陳述本身是否有其他市場資料佐證以前，都應該視為完全沒有事實基礎的意見。

• 某人的主觀觀察（Someone's Observation）

有些時候，人在陳述意見時會引用自己的經驗或觀察，比方說：「根據我在中國大陸工作多年的經驗，在那裡要做生意就得靠關係」，這些觀察可能會伴隨具體的例子，像是「有一年，我們在北京爭取一個私營企業的案子，即使我們的產品性價比優於其他公司，但因為我們不認識決策負責人，最後還是輸掉了」。聽起來很有說服力，然而，這些觀察可能只是根據當事人的經驗，還是可能存在一些前提、環境或是立場上的偏誤，無法以偏概全。對於一個問題解決者而言，批判性思考的態度是檢視問題時的首要條件，因此，縱使是全球公認的專家所提出的觀察，在未經交

叉檢視以前，都應該視為「意見」，而非「事實」。

- **公開資訊及研究報告**（Public Data / Research）

  每年由 IDC（International Data Corporation）國際數據資訊公司這類重量級產業研究機構發表的產業、市場分析報告，或是政府公布的各種統計數字，之所以應該被視為一種「意見」成分較重的資料，不是因為他們所提供的數據沒有可信度，而是因為在這些數據背後，必然是根據許多前提假設去設定計算公式，才能算出這些數據。只要假設不同，得到的數據也會不同。除非你能透過其他方式去驗證這些假設的適用性，否則都應該以保留的態度來處理這類看似事實的資料。

- **根據問卷及統計方式得到的一般化事實**（Generalized Facts Based on Survey or Statistics）

  有些人可能會覺得：「如果現成的資料事實基礎都不夠，那我自己設計問卷去搜集資料總行了吧？」透過問卷取得的資料，即使完全符合抽樣統計的原則，發出及回收足夠數量的問卷，但還是不足以被視為具有充分事實基礎的資料。原因在於，抽樣時很有可能會

存在一些你忽略掉的偏誤，導致你搜集到的資料出現以偏概全的問題。直接透過問卷與統計獲得的第一手資料，已經很接近策略顧問眼中的「事實」了，但仍然必須透過其他途徑進行檢視，不能照單全收。

- **同時符合量化與質化資料的陳述**（A Statement Both Supported by Quantitative and Qualitative Data）

任何量化資料，無論是設定公式計算出的數字，或是製作問卷搜集而來的抽樣統計資料，都必須經過質化資料的佐證（如客戶訪談、焦點座談等），才會被策略顧問視為可作為事實基礎的資料。簡單來說，質化資料就是非數據性、描述性的資料。

幾年前，BCG 在某市場執行一個血壓計產品專案時，團隊花了一個星期製作計算市場規模的模型，這種類型的模型公式，當然有許多前提假設，而且只要前提假設一有微小的變動，計算出的結果就會截然不同，是非常精細的工作。

當時團隊算出結果之後，發現血壓計市場未來一年將會有 25% 的成長，後來將結果上呈至當時 BCG 當地辦公室的合夥人時，他居然只看了一眼就說：「這不合理。」

這個花了整整一週才算出來的數字，這位合夥人只看了一眼結果就說不合理，原因在於他先前才剛做過當地血糖測量計的市場規模調查。相較於血壓計，血糖測量計是比較新的產品，而他當時做出的預測結果是，血糖測量計的成長率為 23％。如果血糖測量計的成長率是 23％，那麼血壓計是成熟市場，成長率理應較為平緩，怎麼可能是 25% 呢？

被合夥人退回成果報告之後，再經過其他管道情報進行交叉比對，果然發現當初的財務模型有一些假設是不合理的，導致預估偏差。BCG 有個不成文的座右銘之一是「不能只相信數字」，在實務上也會提醒新進的顧問，千萬不要興沖沖地拿著一個自己計算出來，或是某些市場報告中所提出的數字，就宣稱這個數字是正確的；一定要再利用定量的分析去交叉比對。

• 窮盡所有樣本（Exhaust Every Sample）

窮盡所有樣本後，取得的資料是最可靠的，但卻很難運用在實際的工作中。假設你要調查全臺灣 6,000 多家 7-11 的營運狀況，若要窮盡所有樣本，你勢必得一一拜訪這 6,000 多家門市。即使你如此大費周章之後，觀察到一個很有 insight 的現象，而且你也可以

很自信地說：「我確知這個現象為真，因為我手中有
6,000 多家門市的拜訪記錄。」但在時間有限、人力
有限的情況下，這種方法可行性明顯不高。這種窮盡
手法通常只適用於樣本空間很少的情況之下，如：該
市場前三大客戶已經占據九成市場、全球只有兩大廠
商能供應該零件等等。

整體而言，對於 BCG 的策略顧問來說，除非你真的能
夠窮盡所有樣本，否則要確認一個數字是否具有足夠的事實

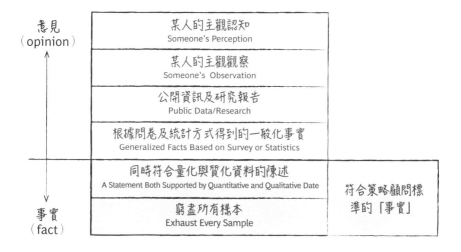

圖 3-2　區分意見與事實是研究與分析的基礎

基礎，必須去看這個數字是否同時符合量化與質化的資料。除此之外，對於一個謹慎的問題解決者而言，無論你看到的資料或得到的數據是來自專家、政府，甚至是聲譽極高的研究單位，在確認前提假設之前，都不應隨隨便便就將其認定為「事實」，來支撐自己的論點。

三、MECE 原則

　　MECE（Mutually Exclusive Collectively Exhaustive）原則，由字面上翻譯的意思為「相互獨立，完全窮盡」，有些人則稱之為「不重複、不遺漏」。對於策略顧問這一行有些許興趣的人，對這個詞應該不陌生，而 BCG 對新進的策略

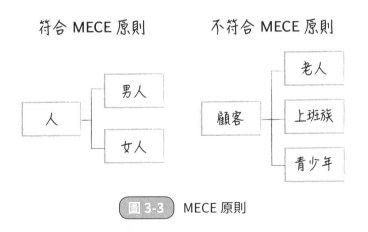

圖 3-3　MECE 原則

顧問，最常講的一句話也是：「你這些分析有 MECE 嗎？」

在策略顧問這一行，MECE 原則之所以重要，是因為它能幫助你檢視是否缺漏了重要的資料，同時也幫助你避免浪費時間去處理重疊、重複的問題。策略顧問是以時間計費，投注在案子中的每分鐘都必須對客戶有附加價值。因此，使用 MECE 原則檢視思考邏輯是否完整、是否有重疊，是策略顧問必須具備的能力。

對於新進策略顧問或是剛接觸 MECE 原則的初學者來說，最重要的是，要知道 MECE 原則只是一個幫助你思考的工具，並非你必須一板一眼地使用的最高指導原則。真實

圖 3-4　分析層級必須一致

世界極為複雜，很少有完美的狀況能夠讓你真正達到 100%
的 MECE，所以要小心，不需太過執著、想要把一切情況窮
盡，這反而會浪費你的時間。

　　另一個在 MECE 原則下很重要的思維，是你在利用
MECE 原則區分討論的議題與對象時，必須留心它們所涉及
的層面與層次是否一致。舉例來說，當你要用 MECE 原則
來區分「人」的生理性別時，「生理男性」與「生理女性」
就是同一層級與同一層次的分析單位。但若你在分析「消費
者」時，將這個大群組分成「男性」－「老年女性」－「年
輕女性」等三個小群組，就不符合同層級的分析單位。

　　將不同層級的分析單位擺在一起，可能造成兩種問題。
首先，顆粒度大小不一：各個單位進行比較的時候不再是
蘋果對蘋果（apple to apple），很容易造成誤解。舉上例說
明，如果男性客戶占四成、年長女性與年輕女性各占三成，
會造成一種錯覺，誤以為男性客戶才是最重要的，但卻忽略
了整體女性客戶總計占了六成。

　　其次，層級不一，會讓聽者不容易聽懂你的比較對象，
甚至懷疑你的分析水準。譬如說，在向某間公司的執行長

做簡報時，你對他說：「我們認為貴公司目前出現了幾個關鍵的問題，第一，您的產品有問題；第二，您在臺北市的定價有問題⋯⋯」不需等你說完，這位執行長就會打斷你，質疑你為什麼首先提出了「產品」這個層級如此高的問題，接下來卻把「臺北市的定價」和它擺在一起？這不代表你提出的問題是錯誤的，或許這家公司最大的問題正是這兩項，但你仍必須再更仔細地思考，讓最後呈現給客戶的分析單位盡可能符合同一層級。畢竟客戶很有可能光聽到你邏輯上的問題，就已經在心裡否定了你的能力，因此無論你後續的分析內容是對是錯，對方都聽不進去。

如何「蓋」金字塔架構？

談完金字塔架構三大重點後，接著談談具體來說要怎麼蓋金字塔。將分析問題的過程與資料統整成金字塔架構的方式有兩種：歸納法（induction）與演繹法（deduction）。

● 歸納法

歸納法就是利用（幾乎）窮盡的樣本或事實，來證明自己的論點或意見。假設你想要用金字塔架構分析你的論點：「沒有任何外資企業，在進入中國市場的第一年就能成功

獲利」，則必須確認所有美商企業、歐商企業、日商企業等等，在歷史中從未出現進入中國市場的第一年即可成功獲利的資料，才會符合歸納法的原則。可想而知，要以歸納法檢視你的論點是否正確，如果窮盡樣本必定會耗費大量時間，也因此在實務中幾乎不可行。通常 BCG 會盡量採用 80 / 20 法則，至少舉證出關鍵的 20% 樣本來支撐論點。以上述例子來說，如果美商與歐商已經占了外資企業的八成，哪怕只舉證美商和歐商沒有在第一年就獲利的，都有一定的說服力。

　　另一種常用的做法是，利用框架（framework）將議題拆分成幾個面向，再從各面向分別提出事實作為說明舉證。框架其實就是一種思考架構，常見的有 3C 模型：客戶（Customer）、競爭對手（Competitor）、公司本身（Company）；行銷的 4P：產品（Product）、價格（Price）、通路（Place）、促銷（Promotion）；過去－現在－未來；內部－外部等等。

　　舉例來說，對一家提供商業設施的空調設備廠商而言，如果你想建議的主要論點是「本公司應該考慮提供節能解決方案給商業客戶」，利用 3C 框架拆解成三個子論點的話，可能是如此：

▶ **客戶**：有許多商業客戶由於 ESG（環境保護〔Environment〕、社 會 責 任〔Social〕、 企 業 治 理〔Governance〕）考量而有強烈節能需求，但是目前各設備供應商都不同，尚無一個好方法能用來規劃整體節能。

▶ **競爭**：競爭對手目前大部分都是投資在通路與建商關係上，主推銷售更多空調設備。

▶ **公司**：許多商業客戶關係掌握在自己手裡，加上公司轉投資的子公司有節能相關技術，有機會直接銷售節能解決方案給客戶。

• 演繹法

利用演繹法來推論主要做法，就是識別大前提（原則）與小前提（適用案例）。基本推論步驟為，大前提→小前提→結論：

1. 大前提（原則）是存在的。
2. 小前提（案例）符合大前提條件。
3. 因此，結論為小前提會依照大前提原則來進行。

以具體的例子來說明，假設你的大前提是「人皆會

死」，而小前提是「X 先生是人」，為了證明「人皆會死」
的大前提，你發現從古至今，所有人類皆有生命終結的一
天，於是可以證明大前提為真。而檢視小前提「X 先生是
人」是否為真時，你發現 X 先生的 DNA 是目前科學上認定
為符合「人類」定義的 DNA，於是證明小前提為真。由此，
就可以合理地推斷：「X 先生有生命終結的一天」。

　　然而，實戰中常需要出組合拳，也就是歸納與演繹法並
用，來說明論點。以一個商業上的例子來說，若你在看過相
關資料以及經過分析之後，提出的論點是「本公司應該立刻
進入寮國汽車市場」，邏輯架構如下：

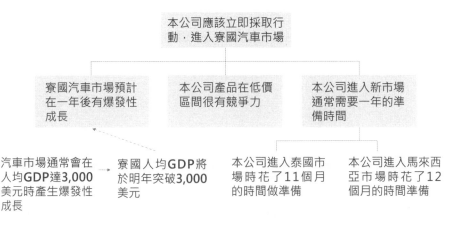

圖 3-5

　　為了證明主論點:「本公司應該立即採取行動,進入寮國汽車市場」,可以先採歸納法,用 3C 框架分拆成三個子論點:

> ▶ **客戶(市場):** 寮國汽車市場一年後會起飛。
> ▶ **競爭:** 相對於競爭對手,我們在低價產品區間的產品很有競爭力。
> ▶ **公司:** 本公司進入新市場需要一年的準備期間。

　　此時,有必要對三個子論點分別舉證。針對第一個子論點:「寮國市場一年後會有爆發性成長」,可以考慮用演繹法:

> ▶ **大前提:** 汽車市場通常在人均 GDP(Gross Domestic Product,國內生產毛額) 3,000 美元左右的時候,會有爆發性成長。
> ▶ **小前提:** 寮國人均 GDP 明年將突破 3,000 美元。

　　至此,大前提與小前提都還不能算是事實基礎,必須再往下證明。有關大前提的論證,可以考慮分析各國過去幾十年「汽車市場規模」與「人均 GDP」之間的相關性,加上從

訪談或問卷可以得知，收入是買車子的必要條件之一。至於小前提，只要比對幾個政府與研究機構報告，應不難判斷明年人均 GDP 是否能突破 3,000 美元。

有關第二個子論點：「我們在低價格區間的產品很有競爭力」，相對容易驗證，只要用歸納法去比較幾個市場低價格區間的產品市占率，再加上當地客戶的訪談或焦點座談會作為佐證。

第三個子論點：「進入新市場需要約一年時間」，也可考慮用歸納法，參考過去幾次進入新市場所花的時間，就能提出具有說服力的證明。

由上例可以得知，用演繹法推導的基本架構看起來很簡單，但實際上要證明前提為真，有些時候還是得用歸納法，需要耗費極大的心力與時間去搜集與分析資料。而在驗證的過程中，或許你提出的「人均 GDP 達到 3,000 美元時，汽車市場會大幅成長」，是來自於五個新興國家過去發展的資料。雖然並非窮盡所有樣本，但在實戰中不能太墨守成規，你必須培養出判斷的直覺，知道你得搜集多少資料來驗證之後，才能有自信地確定這大概就是實際會發生的情況。

直擊問題
本質的步驟

解決問題的第一步,是看見問題的存在。

——《新聞急先鋒》(*The Newsroom*)

之前已經談過，問題解決的三大基礎能力是「持有批判思考態度」、「以邏輯思考架構」、「以假說思考發揮速度」。接下來介紹解決問題時常犯的錯誤，以及 BCG 顧問遇到問題時，是用什麼方法與步驟來解決的。

解決問題時常見的失誤

之前的章節曾提到，專業的問題解決者會問出對的問題，並找到問題的解方。然而，根據我的經驗，大部分人常犯的錯誤都是在前半段。換句話說，通常都沒有找到對的問題。

常見的情形有三種，如圖 4-1。

一、問題根本不存在

首先，是解決一個根本不存在的問題。這尤其容易發生在辦公室會議裡，原因是離營業現場太遠，問題的呈現通常只能透過書面報告或是相關人員片面的資訊或報告得知。

圖 4-1

　　舉例來說，你可能收到一則訊息：「競品突然降價 20%，搶走我們不少生意」。此時，你的直覺可能會是：「我們是否也應該降價反擊，避免生意繼續流失」。

　　然而，這有可能是一個錯誤的訊息，純粹只是負責通路的同事聽某通路說過而已，而該通路只有經銷自己的產品，對競品的價格也不是很確定。也有可能是對該訊息背景了解不足——某客戶確實拿到八折價格，但因為他一次買了一堆相關產品，所以拿到此價格算是捆綁銷售的一次性優惠。或

者是偶發事件，剛好某競品經銷商要結束該產品線銷售，所以用成本價賣給客戶，樣本數少，並不能代表競爭對手的整體行為。

如何避免這個錯誤？最好的起點就是發揮批判思考精神。得知訊息的第一時間不要囫圇吞棗，而是要問自己：這個訊息是真的嗎？這個訊息怎麼來的，有驗證過嗎？

二、解決不重要的問題

另一個常犯的錯誤，就是抓到不重要的問題來解決。換句話說，就算解決該問題，也不會帶來什麼明顯的好處。為什麼會發生這個錯誤？很多時候就是因為沒有多想一步，看到問題就像打地鼠一樣，看到一個打一個，而不是去思考「解決這個問題又如何？」。在顧問業有個詞用來形容這種情形，叫做「智能怠惰」（intellectually lazy）。

還有一種可能，就是抓到「別人的問題」。就算解決了該問題，可能對別人有好處，但是對自己的利害關係人，不論是股東、老闆或自己的部門，都沒有任何好處。此處要特別注意的是，有些複雜問題會牽涉多方利害關係人，此時解

決該問題，可能對某方有利，對某方反而有損害。應該要更顧慮哪方的利益，這就得由決策者來判斷取捨了，並不一定能找到皆大歡喜的方式。

避免此錯誤的祕訣，就是問自己：「所以呢？」發生了這個問題，對我或是我在意的利害關係人而言，影響是什麼、範圍有多大？

三、沒有解決根本原因

這是解決問題時常犯的典型錯誤，簡單來說就是治標不治本，沒有進一步思索為什麼會發生這個問題。如果沒有從根本上解決問題，該問題只會不斷重複發生，這也是一種所謂的智能怠惰。避免此錯誤發生的方法，就是養成問「為什麼」的習慣。

發現問題本質的方法與步驟

說明至此，相信你應該已經對「是否為真？」、「所以

呢？」與「為何如此？」三個提問耳熟能詳。以下總結如何
應用這三個提問,來識別根本原因。

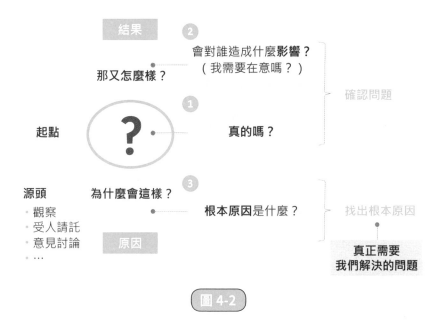

圖 4-2

先問「是否為真?」

　　首先,每個問題一定會有個起點,有可能是最近一期業
績報告的結果不佳、收到客訴抱怨產品出問題、通路銷售下
滑、店內客流和前期比起來大幅減少、產品上市銷售不如預

期、員工離職率提高等等。此時，先自問「是否為真？」，盡量透過多個管道，確認該問題真的存在。

此處舉一個假想的例子，來說明顧問會怎麼思考問題。（請注意，此處故意避免引用實際的數字或資料，以避免無謂的爭論。）以「人才外流」為例，確實有很多人憂心，好像有愈來愈多優秀人才都跑到國外工作。但是，是真的嗎？

顧問在面對這個問題的時候，會先思索如何定義「人才」，這就會涉及到底必須在意什麼樣的人才。如果是半導體產業的人資主管，可能會在意的人才也許是半導體工程師；如果是政府相關單位，可能會在意的人才或許是名校畢業的學生。

一旦確定了目標人才，接下來就要收集相關資料，以證明「人才正在外流」。要特別注意的是，須盡量透過多個管道來證明這點。光是靠某篇研究報告或是媒體引述專家發言，很可能因為統計口徑或定義不一致，導致數據不一定相關。比方說，專家說的半導體人才，是指電機或物理相關科系畢業的學生，然而對某些公司而言，人才指的是已經有行業相關經驗 3～5 年的社會人士。因此，最好能夠佐以行業

專家或相關人才的訪談，以便交叉確認（cross check）該趨
勢的存在。

二問「所以呢？」

如果確認該問題存在，接下來就要問「所以呢」，以確
定該問題造成的影響有多大。此處特別重要的是，要澄清是
對「誰」的影響。一般而言，「誰」指的是問題牽涉到的「利
害關係人」（stakeholder），也就是你要幫忙解決問題的對
象，對內可能是公司、董事會、老闆、主管，對外是客戶、
供應商、通路商等等。

以上述「人才外流」的例子來說，為了回答「所以呢」，
首先要知道是幫「誰」解決這個問題。如果你是半導體產業
人資主管，負責的對象可能是公司、執行長或技術長；目前
正苦於研發人才不足，因此造成許多研發專案行程延宕，甚
至影響未來產品競爭力與業績。

然而，縱使如此，人才外流對公司的影響真有那麼大
嗎？也不盡然，搞不好現在國內人才還是很足夠的；雖然外
流人才的趨勢正在上升，但是對公司的影響並不大。此時，

「人才外流」的問題就不是你該擔心的問題。

如果你是政府經濟相關部門的單位主管，這時候的「誰」有可能是自己的上級單位；如果在意的是 GDP 成長，那就需要進一步思考人才外流的「所以呢」在哪。假設這些外流的人才去到其他國家，對其公司有所貢獻，而這些公司對臺灣經濟的幫助有限，那麼人才外流確實有可能對臺灣的經濟成長有負面影響。反之，如果有很大一部分的人才外流，最終還是在臺灣的跨國企業的海外據點服務，那麼對經濟的影響就不一定那麼負面。

總而言之，該問題對利害關係人的影響必須夠大，才值得繼續深究下去，探索造成該問題的根本原因。

三問「為何如此？」

確認該問題對利害關係人的影響夠大之後，最後就要問「為何如此」，尋找造成該問題的根本原因。

在解決問題的實際過程中，有幾種尋找根本原因的方法，如圖 4-3。

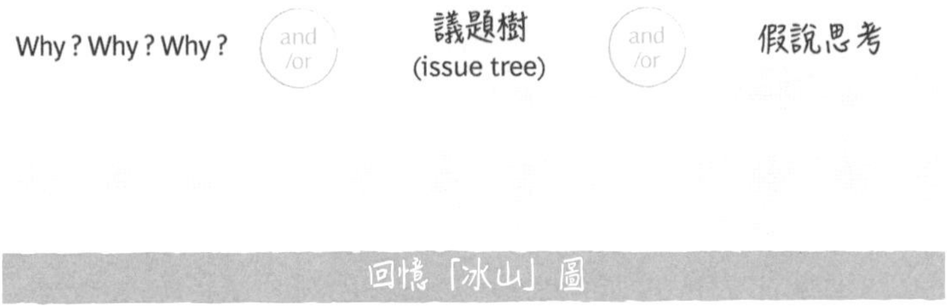
Why ? Why ? Why ?
and /or
議題樹 (issue tree)
and /or
假說思考
回憶「冰山」圖

圖 4-3

最簡單直接的方法，是連問三次「為什麼」。為何是問三次，而不是四次或五次？這沒有什麼科學根據。有些公司甚至要求連問五次「為什麼」（最有名的是豐田汽車）。重點是，要保持打破砂鍋問到底的心態，不能只停留在表層的原因。

如圖 4-4 顯示，如果問得愈深入，愈能找到問題的本質，以解決根本問題。

還有一種方式，是利用議題樹（issue tree）進行分解，與前述金字塔原理類似。分解時要謹守 MECE 原則，並透過

表象	問題	解決	結果
	科技人才外流嚴重 *Why?*	強迫競業條款	人才利用法律漏洞，持續流失
	臺灣的高科技公司多為代工業，並不需要太多高級人才，報酬也相對低 *Why?*	規定最低報酬	薪酬仍遠遠比不上競爭對手，無法挽救人才流失
	臺灣的高科技公司固守本業，創新能量不足，導致組織僵化，沒空間可讓人才晉升 *Why?*	利用科專（專款補助創新專案），鼓勵企業創新	企業投入資源申請科專補助，而非思考本質創新
根源	經營者拘泥於製造業心態，只關心銷量與成本管控，對創新業務不敢大力投入	利用稅賦與獎勵，降低企業創新試錯與雇用高端創新人才的成本	企業將會更有動機，用高報酬聘用高端科技人才，推行創新業務

圖 4-4

層層分解來找出可能的根本原因。舉例如圖 4-5。

　　然後，必須利用假說思考，透過訪談、討論、現場參訪的方式，快速建立根本原因的假說，接著再去驗證、進化假說，如圖 4-6。

　　最後，有幾點要提醒。首先，上述三個方法並不互斥，可以並用，也沒有哪個方法一定比較好，還是要看各個問題

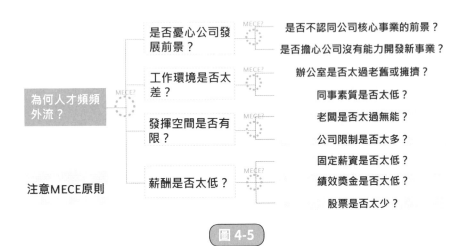

圖 4-5

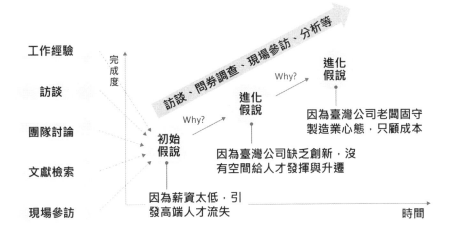

圖 4-6

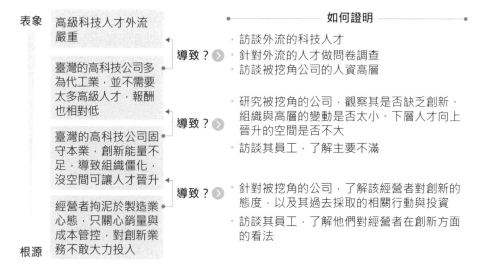

表象
高級科技人才外流嚴重

導致？ ▶

臺灣的高科技公司多為代工業，並不需要太多高級人才，報酬也相對低

導致？ ▶

臺灣的高科技公司固守本業，創新能量不足，導致組織僵化，沒空間可讓人才晉升

導致？ ▶

經營者拘泥於製造業心態，只關心銷量與成本管控，對創新業務不敢大力投入

根源

── 如何證明 ──

· 訪談外流的科技人才
· 針對外流的人才做問卷調查
· 訪談被挖角公司的人資高層

· 研究被挖角的公司，觀察其是否缺乏創新、組織與高層的變動是否太小、下層人才向上晉升的空間是否不大
· 訪談其員工，了解主要不滿

· 針對被挖角的公司，了解該經營者對創新的態度，以及其過去採取的相關行動與投資
· 訪談其員工，了解他們對經營者在創新方面的看法

圖 4-7

發生的當下情況而定。再來，追究問題本質會有一個限度，之前提過「Sweet Spot」的概念，此處就是要在影響力與可解性上取得平衡。總之，不論是用哪個方式探索根本原因，一開始得到的都是假說，必須通過驗證才能確認。驗證方式舉例如圖 4-7。

驗證的時候，基於資源與時間有限，須謹記把握 80 ／ 20 法則，80% 的結果來自於 20% 的關鍵原因。根據我過去

的經驗，再怎麼複雜的問題，總結出的根本原因通常不會超
過 3 ～ 5 個。有些時候，會看到某項分析洋洋灑灑列出 10、
20 個問題的原因，這通常不代表分析得很透澈，而是因為智
能怠惰，沒有去抓出最關鍵的因素。

用訪談找到真相

「有人說話時，全神貫注地聽。

但大多數人從來不聽。」

—— 海明威（Ernest Hemingway），美國作家

訪談（interview）是顧問業非常重要的元素，包括新進顧問在內，絕大多數人對於訪談的認知都僅止於 Q&A 式的問答，然而顧問業使用的訪談形式，是更偏向有明確目的的「討論」。

BCG 所進行的訪談，通常不是拿著一張白紙去向對方搜集資訊，而是已經做足功課，並且已經產出幾個待驗證的假說，才去進行訪談，最主要的目的即是透過討論的形式，來驗證這些假說的真偽。

用訪談解決問題

訪談，是為了要與「專家」透過討論，得到更精準的 insight。而讓 BCG 稱為「專家」的，不僅限於擁有特殊學歷或頭銜的人，而是所有能在特定領域或功能技術上提供深刻見解與經驗的人，包括：

- 客戶公司內部的員工、主管
- 客戶方的上下游廠商、顧客、競爭者

- 該行業相關的專業人士
- BCG 內部對某行業或某議題有高度專業的資深專家、合夥人

　　實戰中常碰到的情況，是你必須在很短的時間內，從對一個行業或議題完全不懂，變成要累積足夠的知識、能夠與客戶進行對談。這時候，與專家訪談就成為一個關鍵的快速學習方式，這種類型的訪談，或許無法完全達到能夠與對方討論的程度，而只能問一些基本的問題，但還是能幫助你釐清假說，建立基礎的專業知識。

　　舉一個實際的經驗來說，BCG 當時正在爭取一個即將進入行動保險事業的電信公司客戶。行動保險是指當顧客臨時需要短期的保險服務（例如一天的海島旅遊保險），他可能不想特地去找保險公司買保險，但還是會希望旅程多一層保障，這時就可以透過手機應用程式，很便捷地買到簡易型保險。

　　與這位客戶接洽的 BCG 團隊，具有行動通訊產業的專業，但卻對保險產業不是那麼了解。為了要快速搞清楚保險業有哪些重要的消費特性，最直接的方式就是從公司內部找

一個保險業的專家進行訪談。這時候，你雖然是從零開始，但只要謹記著保持一顆好奇的心，想辦法去挖掘這個產業有趣的部分為何，通常就可以在一小段問答式的訪談之後，立刻進化成討論的模式。

與專家討論的過程中，你也可以順道丟出一些最粗糙、最初步的假設，例如行動通訊與保險有哪些可以結合、互補的特性，當場詢問專家的意見，以測試你的假說。而討論出的成果，可能就會變成你隔天與客戶進行更進一步討論的基礎。

無論是與誰進行訪談，都要記得，訪談不只是挖情報，而是一個腦力激盪的過程。

訪談方法：BCG Way

進行訪談的形式有很多，不管是面對面訪談（包括一對多、多對一、多對多）、視訊訪談或電話訪談，BCG 的訪談進行流程都包括：（一）準備（preparation）；（二）籌劃（set up）；（三）訪談（interview）；（四）收尾（follow up）等四個部分。

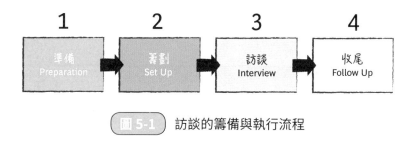

圖 5-1 訪談的籌備與執行流程

大多數人可能無法想像，一個成功的訪談，重要的不只是在訪談的過程中與受訪者相談甚歡，嚴謹的準備與籌劃才是成功訪談的真正關鍵。

第一步：準備

準備訪談的階段，大致可分為四個步驟：

1. 建立假說（Develop Hypotheses）

在顧問業這一行工作，最重要的是從第一天就要有假說。由於訪談的目的就是要驗證你的假說，因此最理想的狀態，是能在訪談之中，進一步使原本的假說進化。簡言之，

準備訪談的第一步，就是明確地知道你究竟想在這次訪談中證明哪些東西。

　　舉例來說，當你在訪問大企業的執行長時，不能只是像一般雜誌專訪一樣問他：「貴公司的未來策略為何？」、「您遇到什麼挑戰？」、「您認為未來有什麼風險？」。這些都不是 BCG 式的訪談內容。

　　BCG 式的訪談，是必須先想好以上這些問題可能的答案。假設你認為客戶未來的策略方向，應該要集中於發展中印市場，這就是你要在訪談中向執行長測試的假說，而不是腦袋空空地希望執行長給你答案。

2. 決定產出（Determine Output）

　　「產出」是指你最後要對客戶簡報的工作成果，通常是投影片簡報。為什麼要在訪談前先考慮最終產出呢？因為一旦有了產出的輪廓，就可以幫助你在訪談的時候更聚焦。畢竟你不會希望談了一個小時，回到辦公室後，才發現剛才訪談的內容，對最終呈現的報告沒有直接幫助。對於資歷較淺的顧問來說，沒有搞清楚產出就匆忙開始訪談，也是常犯的錯誤之一。

　　在訪談前，由於資料有限，所以在構思產出的時候，可以把它想像成一頁頁的空白投影片，上頭只會有你起初最粗略的論點假說（例如「中印市場是未來發展重點」），以及你此時試想該用什麼樣的圖表或模型來說明這個假說。

　　此類粗略的投影片，顧問業稱之為「幽靈簡報」（ghost deck），代表一種簡報骨架的概念。目的是先描繪出投影片簡報的草稿，以幫助你規劃出最後欲向客戶呈現的成果、該設計什麼樣的故事來說服客戶，以及你在這個故事中將會需

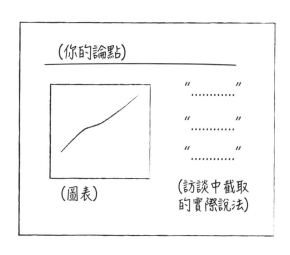

圖 5-2　先決定產出，再設計訪談問題

要哪些數據資料來佐證論點。你可以很簡單地用手繪的方式畫出大略的故事分頁，此時你或許只能寫下第一版的假說，而圖表與訪談引言的部分留白。但重點是透過這個方式，你可以很清楚地知道要在訪談中測試的假說為何，以及需要哪些資料來輔助。

3. 鎖定訪談對象（Identify Interviewee）

訪談對象是誰，完全取決於你欲測試的假說為何，以及需達到的產出為何。這也是先建立假說、決定產出，如此重要的原因。

舉先前的行動通訊保險案例來說，如果你今天想要證明的假說是「消費者在短期旅遊剛出發的那一刻，對行動保險的接受度最高」，於是你開始尋找有哪些相關對象能幫助你驗證假說。這些對象包括出外旅遊的消費者本身、旅行社業者、導遊、交通工具租賃廠商等等。

除此之外，你可能還需要根據不同的旅遊行程做出區隔，例如出海浮潛、賞鯨、登山、衝浪……。針對不同的族群，應該如何排定重要性與迫切性的優先順序？哪些族群應該訪問多少人？針對不同的族群應該用哪種形式訪談？這些

問題都是你在此階段必須規劃周全的。

　　鎖定訪談對象是一個繁雜的思考過程，如果你在此階段以前已經訂定了清楚的假說與產出目標，就能大大地幫助你在此階段的工作更有效率。

4. 製作訪談指南（Develop Interview Guide）

　　訪談指南基本上就是「問題清單」，讓你在訪談前先清楚思考整個訪談欲進行的模式與流程。將你要問的問題寫得愈簡短愈好，這是一份「指南」，而不是演講稿。

　　訪談指南在與客戶溝通時也扮演了重要角色。第一，與客戶公司內部的主管或員工進行訪談時，很多時候是多人同時進行，因此受訪者會希望先知道訪談中將涉及哪些問題，讓他們能夠於事前備足相關資料。第二，當訪談的對象是客戶的顧客或合作對象時，客戶通常必須先確認你會問哪些問題，以確保你不會傷害到公司聲譽。有些時候，客戶也會在這時向你提出新的問題，而這些問題是他希望透過你去問顧客的。

　　然而，訪談指南對於顧問本身而言，最主要的功能是讓

你在訪談的過程中，能夠較為踏實地應對各種可能的變化。以我個人的經驗來說，一場訪談中，能讓你從訪談指南上的第一題順利問到最後一題的機率很低。加上我們期望的訪談是以討論的形式進行，因此在討論的過程中，一定會不斷地進化假說，最後自然會偏離你原本所設定的問題。

譬如你與屬於電腦產業的企業執行長進行訪談，原先設定的假說是「本公司必須朝中印市場發展」，於是你準備了一系列問題希望與他討論，沒想到一問之下，發現他認為電腦產業遲早會消失，所以他在乎的根本不是電腦的下一個市場，而是未來的資訊世界會是什麼模樣，導致你在訪談指南中三分之二的問題都無用武之地。

又或者你原本假定他所關切的是市場問題，但一問之下發現他認為目前市場成長沒有起色，主要的原因不是市場，而是組織內有太多官僚與收賄的問題。若他強硬地禁止一切收賄行為，則員工不願確實執行任務；若放任員工收賄，則會造成公司極大的損失。這類型的轉變，在實戰中出現的機率非常高。

既然訪談幾乎不可能完全照著訪談指南進行，那為什麼

還要花時間製作訪談指南？

　　製作訪談指南，就像是機師的模擬飛行訓練。每一場訪談對於顧問而言都很重要，尤其當你即將訪談的對象是業界舉足輕重的大企業家時，對方的時間成本非常高，與他會談的每一分鐘都必須要有價值。

　　製作訪談指南是種想像訓練，讓你先反覆走過訪談的流程，理清自己的思緒，等到真正上場時，心裡就會多了份踏實，自然能有更專業的表現。

第二步：籌劃

　　完成準備工作之後，就進入籌備訪談的步驟。簡單來說，這個步驟就是「與受訪者約時間」。這項工作聽起來很輕鬆，卻是許多新進顧問最容易犯下致命錯誤的陷阱。

　　與受訪者約訪並沒有想像中容易，除非對方是客戶公司內部的員工，否則無論是客戶的顧客、合作廠商，甚至是競爭者，這些對象都沒有絕對的義務接受你的訪談，因此被拒絕、甚至惡言相向的機率很高。

　　導致新進顧問犯下致命錯誤的情況，通常是因為太想要得到訪談的機會，以致在試圖爭取受訪者時，出現不夠尊敬、甚至是說謊或透露未授權訊息的狀況。無論是冒用其他顧問公司之名，或謊稱自己正在進行學術研究，在 BCG 都是被嚴格禁止的行為。

　　曾經有個案例，某顧問公司接到一個企業併購案的評估專案，是 A 公司要併購 B 公司，但 A 公司需要知道 B 公司的客戶對 B 公司的看法如何，因此委託該家顧問公司進行調查。當某位助理顧問打電話給 B 公司的客戶，希望能與他們約時間進行訪談時，居然直接對 B 公司的客戶說，會需要進行這次訪談，是由於 A 公司正在考慮併購 B 公司，後來事情便一發不可收拾。萬一不小心揭露這種高度敏感的資訊，甚至會有法律上的問題。因此，籌劃訪談雖然看似簡單，卻必須步步為營。

第三步：訪談

　　一場完整的訪談，大致可切割成四個階段：

1. 訪談前準備（Preparation）

訪談前準備階段，是指假設你在當天安排了訪談行程，這一天起床後到出發之前，應該做哪些準備工作。

⑴ 複習你的假說
⑵ 複習當天受訪者的背景與基本資料
⑶ 調整訪談指南
⑷ 確認當天訪談的行程細節

這些事情看起來很瑣碎，卻都是臨行前不可或缺的檢查項目。

我自己一定會做的準備，是在出發前完整複習過一遍訪談指南。由於每一次訪談都是討論的形式，而且過程中一定會將原本的假說進化，因此這也是你重新理清思緒的機會。更重要的是，所謂複習不僅只是將訪談指南看過一遍，而是要做到即使完全不看這份指南，你腦中也有清楚的印象，知道什麼時候該問什麼問題。

將訪談指南寫得密密麻麻，複雜到你記不起每個項目，其實是不及格的工作模式。等到你真的上場訪談，一旦對方

跳題回答，或者甚至離題回答的時候，你的訪談步調就會完全被打亂。

2. 自我介紹（Introduction）

自我介紹分成三個部分。首先是關於你自己的自我介紹，此時切記不要過度渲染你的豐功偉業，但也不要過度謙虛到唯唯諾諾的程度。再來是簡單地告訴對方你今天與他訪談的目的、規劃；如果合適的話，也能短暫穿插一些非關案子的輕鬆話題，如共同朋友、產業剛發生的事情，或是最近一次產業展覽等。

許多新進顧問常犯的錯，是進門後一坐下來便開始問問題。這種行為不僅不夠禮貌，更嚴重的是可能會失去與對方建立信任的機會。任何意見交流都建立在信任之上，或許你不想、也沒有必要與對方因為這次訪談就成為生死之交，但即使只是商業上的交流，也該將每一次訪談視為一個認識對方的機會。

3. 訪談（Interview）

正式進入訪談之後，最理想的狀態是你已經將整份訪談指南記在腦中，所以根本不需要一直回頭確認該問什麼問

題，而能夠專心聽對方說話、與對方討論，或者專注地做
筆記。

　　一般而言，訪談中的問答比例，在 BCG 訓練新進顧問
時皆是「20 ／ 80」，你說話的時間只占 20%，讓對方說話
的時間達到 80%。但這只是一個概略性的準則，實際上還是
要看顧問本身的訪談風格，以及該場訪談的受訪者回應的情
況而定。

　　有些受訪者希望「give and take」，和你交換情報、互通
有無，而非只是單方面提供想法。有經驗的顧問都會先準備
一些「哏」備用，如果受訪者想多聽一點才吐露自身想法，
這些哏就能派上用場，像是對該行業的 insight，或是其他行
業標竿作法；有些時候，在其他訪談時聽到的事情也有可能
是受訪者感興趣的。順帶一提，在提供情報的過程中，一定
要小心處理保密訊息，否則反而可能造成事後不必要的麻煩。

　　不論如何，關鍵是最終讓受訪者感受良好，並且願意分
享對專案產出有用的情報。我曾經看過一位 BCG 的前輩顧
問，他的風格是自己講 70%，只讓受訪者講 30%。他是個
口才很好、能力很強的人，進行訪談時常常演變成對方希望

他多分享一些看法，就像是趁機向他學習請教的形式。但這位前輩也不會自顧自地講，總是能在關鍵的問題上讓對方說話，因此，雖然對方只講了 30% 的時間，卻皆是最重要的資訊。即使 70 ／ 30 的問答比例很離奇，但對他而言，卻是最能發揮訪談效益的平衡點。

4. 結尾（Close）

當訪談告一個段落後，就進入結尾的階段，而結尾不只是感謝對方之後就拍拍屁股走人。

在訪談結尾最重要的是，要能夠很精準地幫對方做出這次訪談的總結，假設你訪談的對象是某電腦公司的執行長，你可以說：「經過今天與您的討論，我總結出三個重點。第一，由於消費者使用習慣的改變，未來消費性市場的主流將會是平板電腦；第二，由於這樣的轉變，因此貴公司將來必須往商業市場發展；第三，因此貴公司目前遇到的最大挑戰，是如何找到或培訓出能夠因應商業客戶服務需求的人才。以上總結幾點，請問您是否同意？」

在一個小時的訪談之後，快速地將大量資訊做重點總結，靠的是經驗與自身功力，因此沒有特別的祕訣，只能靠

大量的訪談練習才能培養出來。

　　做完總結後，除了感謝對方的時間與意見之外，還要記得為下一步鋪路。有時候你在訪談的過程中，由於假說的進化，讓你必須完全轉換研究方向，因此可以於這時趁機向對方詢問，在轉換研究方向之後，有哪些他推薦的相關人士是你能夠約時間訪談的。又或者，經過與你討論，對方會希望知道你在後續研究的結論為何，因此你可以承諾對方，等所有訪談告一段落之後，再寄一份訪談結論的資料給他。

第四步：收尾

　　收尾指的是訪談結束後的處理，分成寫感謝信給受訪者，以及撰寫訪談備忘錄（interview memo）兩部分。

　　寫感謝信給受訪者，是顧問結束一天訪談行程之後要做的第一件事。與訪談的結尾一樣，感謝信中不單只是感謝對方的時間與意見，而是要再次列點說明當天訪談的結論，讓對方確實得到這些資訊。

　　撰寫訪談備忘錄，則是為了簡單扼要地記錄下當天的關

鍵發現，好讓你與其他團隊成員、主管能快速得到重要資訊。備忘錄的其他部分也包括訪談的對話記錄，以及因為這場訪談而衍生出的下一步等等。

遇到麻煩的訪談對象怎麼辦？

　　訪談的對象不見得個個都能夠或願意與你侃侃而談，根據我過去的經驗，可以簡單地將這些「不好聊」的訪談對象大致分成三種類型：

類型一：天馬行空型

　　天馬行空型的訪談者，是指他一開口就滔滔不絕，但卻總是沒回答到你的問題，反而自顧自地東拉西扯。

　　應付天馬行空型的訪談者，最重要的是在他東拉西扯時，你還是要很有自覺地意識到必須維持這場訪談的掌控權。但這也不代表你可以完全忽略他的天馬行空，而一意孤行地問你想問的問題，因為這樣只會讓整場訪談變成兩個人

雞同鴨講的情況。

　　一個可行的應對方式，是可以在當下與你一起進行訪談的同事交換工作，把主要訪問者的角色交給他。每個人溝通的方式不同，或許你的同事就這麼剛好能聽出這位受訪者話中的重點。因此，前往訪談時，找一個與你在某種程度上有互補效果的夥伴，在關鍵時機也會發揮意想不到的效益。

類型二：劍拔弩張型

　　我曾經遇過受訪者在我與同事一踏進會議室時，就站起來大罵：「你們顧問懂什麼東西？！」

　　遇到有明顯敵意、講話劍拔弩張的受訪者，你必須思考的第一件事一定是：「他為什麼對我有敵意？」因此，遇到這類型的受訪者，千萬不要立刻開始問你原本設定的問題。要先花一點時間與他寒暄，並且回想你在餐廳遇過的那些懂得安撫生氣顧客的服務生是怎麼應對的。謹記「伸手不打笑臉人」的道理，好好地與受訪者聊一陣子，很多時候，雖然你到頭來還是不知道為什麼他如此討厭你，但在一開始讓他發洩完之後，多少可以讓訪談順利一些。

謹記一件事，無論對方如何劍拔弩張，若他是真心不想與你進行訪談，一開始就不會答應與你見面。因此，只要是見得上面的，就有扭轉情勢的機會。

類型三：沉默不語型

沉默不語型的受訪者，之所以不說話或只給簡短回應的原因可能有很多，有時候他是生性木訥，但也有時候他是刻意沉默，因為他不希望對你透露太多訊息。遇到天性木訥的受訪者，你可以透過調整問題的問法來讓他更容易回答。雖然訪談中最理想的問題是開放式問句，也就是沒有特定答案的問題，但這樣的問題也最難回答。你可以適度地將問題調整成選擇題，丟出一些選項詢問他的意見，甚至也可以將問題變成是非題。

關於訪談的三個提醒

切勿盡信訪談中聽到的資訊

訪談的對象是人，而任何人都有可能給你錯誤的訊息。

有些人不一定會對你說謊，但他可能會用第三方的陳述來
誤導你，例如：「我從通路商那邊聽說，消費者的確有這種
感覺。」

有很多原因會讓他不想對你說實話，即使他自己也知道
這個「聽來的」資訊是錯誤的。從顧問的角度來說，你的工
作是要在事後做多方查證，不需要把每個受訪者當成敵人或
騙子，但也不能照單全收。

有些時候，你可能因為在訪談前就已經做過不少功課，
當場就聽出他告訴你的不是事實，而且是他刻意為之。遇到
這種情況，你也可以試著委婉地丟出你已經知道的訊息，稍
微刺激他解釋為什麼他給你的資訊會有所矛盾。

找出屬於你的訪談風格

訪談的技巧沒有一定的規則，本章所列出的流程與技
巧，也都只是 BCG 的方法。每個顧問都有自己的風格，有
些人是侃侃而談，幾乎整場訪談都是他在講話的類型；有些
人則是話很少，但總是可以一針見血地問出關鍵的問題。有
些人可以整場訪談都不做筆記，事後卻能在訪談備忘錄裡頭

清楚寫下關鍵的總結，甚至一字不漏地記下受訪者的引言；有些人則是整場訪談都不斷地像在寫逐字稿般寫筆記，同時還能與受訪者對話。

學習訪談時，千萬不要以為看了一些書、做了幾場訪談之後，就假定自己已經是訪談專家了。學習訪談是一趟旅程，你會因為這趟旅程，進而了解如何驗證你想要證明的假說，也會漸漸在過程中更了解自己。

成功的訪談是雙贏關係

成功的訪談，不只是你單方面得到資訊，而是能在短短的一小時內，讓受訪者也感到受益良多。對你來說，成功的訪談代表你得到了能使假說進化的 insight；對受訪者而言，他也能從與你的對話中，得知你的 insight，以及你思考問題的架構與方法。

本書所介紹的，是策略顧問的思考方式，但這種架構、邏輯、假說導向的思考方式，卻不是我們平常慣用的。許多受訪者可能是日理萬機的主管、老闆，他平常根本沒有時間，也沒有機會坐下來，好好地將思緒整理清楚。透過跟你

的討論，他得以一窺你如何處理資訊，而最後你幫他總結出
的關鍵訊息，可能會讓他省下大量時間與心力。千萬不要小
看你能幫助他統整思緒的能力，也千萬要謹記，成功的訪談
是達到雙贏的關係。

數字是解決
問題的雙面刃

「資訊只不過是零星的數據；

知識是將它們組合起來；

智慧則是超越它們。」

──拉姆・達斯（**Ram Dass**），美國作家

定量分析的本質

在商業世界中，「定量分析」不是複雜的微積分或蒙地卡羅演算法這類的高等數學，而是一套如何運用簡單的加減乘除，就能有效地統合原本分散的資訊的技巧，並且得到比現有資訊更精確的數據。至少，從我個人的經驗來看，過於複雜的計算不必然能得到有效的數據。

提到定量分析，一般人的直覺便是將一大堆數字輸入電腦，再進行某些統計分析或建立模型計算。確實，近年來利用大數據與機器學習協助商業決策的應用愈來愈多，但是很多時候，商業分析判斷不需要用到大數據。此處要分享策略顧問實務工作中常用的定量分析技巧，包含三個部分：

1. 資料搜集（data collection）
2. 簡約分析法（back-of-the-envelope analysis）
3. 定量分析（quantitative analysis）

資料搜集

　　BCG 是假說導向的公司，在一個專案中，任何工作都是為了假說、以假說為中心，當然，資料搜集也不例外。

　　以假說為導向的資料搜集，其目標與目的基本上可以分成三個階段：（一）為產出假說（generate hypothesis）；（二）為測試假說（test hypothesis）；（三）為驗證假說（validate hypothesis）。

　　在專案一開始時，為了產出假說而做的資料搜集著重於廣度。隨著專案的進展，在之後兩個階段，則需要較有穩固事實基礎的資料來幫助你測試、驗證假說，因此，資料的深度也會愈來愈重要。

　　此處重點不在於列出有哪些網站、資料庫可供你搜集資料，而是搜集資料的方式與目的。所有資料的搜集，都是為了假說。若你發現自己正在如火如荼進行中的資料搜集工作，卻與假說一點關係都沒有，導致腦袋一片空白地東看西看，那就要提醒自己——你可能正在浪費時間。沒有任何目

的就著手搜集資料，絕對是策略顧問的大忌。

為產出假說而搜集資料（專案第一週）

　　試想：假如你是策略顧問，在專案開始的第一天，你該搜集哪些資料？

　　以下提供幾個基本的準備方向，要再次強調的是，此處不會提供你應該如何取得這些資料的詳細特定來源，而是以如何消化、吸收這些資料的技巧為主。

1. 產業報告（Industry Report）

　　了解客戶的第一步是從客戶所處的產業開始，除非你正在研究的產業極為冷門或特殊，否則產業報告應該不難取得。BCG 的顧問通常會在專案的第一天就盡可能尋找所有關於該產業的報告，有時甚至會一口氣找到一、二十份，加總起來上千頁的報告來讀。

　　雖然資料量如此龐大，但是理論上，顧問必須在短時間之內就將其全部消化，有時候甚至只有幾個小時的時間。可想而知，在顧問的工作中，讀這些報告絕對不是一字一字地「研讀」，而是快速將摘要、目錄、

大小標題、圖表全部掃描過一次。

在迅速瀏覽產業報告時，最有效率的訣竅之一，就是同時打開一份空白的簡報檔，當你看到任何有趣或重要的資訊時，立刻就可以將報告中的資料複製下來，轉貼到簡報檔中，同時寫下你腦中浮現的粗略假說。如此一來，當你讀完一、二十份產業報告之後，也能同時寫好最初步的幾個假說。

2. 市場調查報告（Market Survey）

除了可以在分析師報告中找到市場調查報告之外，也能向客戶索取，或是直接上網搜尋。在策略顧問這一行，千萬不要覺得網路上能夠搜到的資料都沒什麼大不了的，有些時候，一些公開的報告會給你快速入門的捷徑。許多市調公司做的報告，會以PDF、DOC、PPT 等檔案格式放在網路上，所以下次當你試著搜尋較為正式的報告時，不妨加上 .pdf、.doc、.ppt 等副檔名一併搜尋，萬萬不可小看網路上免費的資料。

3. 客戶的經營分析簡報（Client's Management Presentation）

客戶找你來解決的問題，在公司內部必然已經過一番討論，只不過最終仍然找不到理想的解決方法，或是

缺少了某些元件，才會找上顧問公司。因此，在專案
一開始，可以嘗試請客戶提供內部對該問題的討論過
程、結果的報告。如此一來，你才能避免重複討論客
戶已經討論過、而且不合理的部分。況且，為了提供
客戶 insight，你必須知道客戶對這個問題的理解起
點，以避免到最後提供給客戶的報告大半皆是對方已
經知道的東西。請注意，有些客戶為了不想讓顧問產
生偏見，或是基於公司保密的考量，不一定會願意提
供內部的分析報告，這也是很正常的。

4. 客戶方的數據（Client's Data）

這包括供應鏈、消費者、通路、銷售、財務等等千百
種的數據，取決於你在此專案中需要的資料涉及哪些
部分。在專案開始時，顧問會提供客戶一份「資料清
單」，上面列出所有需要客戶提供的數據資料。重要
的是，切忌未經思考便開出一張包山包海的清單。
對客戶而言，將這些資料整理給你需要花費時間與心
力，因此，如此浪費客戶的時間，是極為不尊重對方
的舉動。

為測試假說而搜集資料（專案第二、三週）

　　為測試假說而搜集的資料，會視假說為何而定。此階段的目的是，你還不是十分確定目前產出的假說是否正確，但又因為不確定性太高，所以還不適合投入大量的時間與資源進行大規模的驗證。因此，最重要的是，在開始測試假說以前，要先把假說分解成能夠快速測試的範疇，而要能快速測試，就是要盡量精確、特定。譬如說，你初步的假說是「產品研發能力不如競爭者」，此階段就應該要切割成：「研發一個產品的時間？」、「一年推出多少次產品更新？」等等較為精確、容易找到測試正確性的問題。以下提供兩種讓你得以快速、小規模地測試假說的方式。

1. 訪談或焦點座談（Focus Group）

　　此階段的訪談，就是上一章所講的方法與流程。雖然是在專案第二週才會進行，但這也代表你在第一週就必須開始進行正式訪談前的準備工作，以及與受訪者約時間。訪談在此作為測試假說的功能，重要性在於可以藉此盡快搜集第一手資料，而不只是讀其他人所做的第二手報告。如先前所說的，第二手資料通常隱藏了許多看不見的隱性前提假設，也因此不能全盤接

收。有些時候，利用少次的焦點座談會也是一個測試假說的好方法，可以藉此當場比較不同類型客戶的想法。

2. 簡易的問卷調查（Quick Survey）

假設你想知道消費者對 DIY 家具的消費習慣或看法，最快的方式之一，就是利用目前網路上免費的線上問卷工具。如果研究對象是線下客戶，可以考慮花一天的時間，站在店面或賣場外頭，直接用簡短的問卷詢問甫步出賣場的消費者。這種簡易的問卷調查，能快速取得一些樣本。當你的假說需要透過消費者的意見來證明時，在此階段用簡易的問卷調查進行初步測試，不失為一種方法。

為驗證假說而搜集資料（專案第四週到第八週）

在驗證假說階段，需要嚴謹地搜集資料。正因為「嚴謹」是此階段的最高指導原則，可想而知會需要取得大量樣本，包括大規模的問卷調查與訪談等等。由於進行大規模的第一手資料搜集將會耗費大量時間與資源，試錯成本相當高，因此在開始進行這些工作之前，最好已經通過測試階段，確認自己對現在的假說有相當程度的信心。本階段的

目標並非確認假說是否正確，而是在已經相信假說八九不離十的情況下，用更大量的樣本與更嚴謹的資料來佐證你的假說。

　　問卷從發出到回收，通常需要一個月的時間；有些時候不是靠問卷，而是透過進行大量訪談來驗證，這時甚至會高達上百人，如此大量的訪談也需要四到五週才能完成。因此，在此階段要小心的是，前置作業與準備工作必須在專案開始後的第四週以前就完成。換言之，在第二、三週測試假說的階段，必須提早開始準備第四週要準時發送出去的問卷，這樣才來得及。

簡約分析法

　　簡約分析法，按照原文「back-of-the-envelope analysis」（簡稱 BoE）字面上的意思，亦即「利用信封背面分析」，可以解讀成「簡單到隨手拿張紙，就能做出的粗略計算分析方式」。

對於顧問業有興趣的人，或許對「個案面試」（case interview）不陌生，個案面試本質上就是 BoE 的直接應用。

在個案面試中，主考官會提供一段文字，簡單描述你今天所要解決的個案為何，例如：

"Your client is the sugar cereal division of Foods Inc., a U.S.-based distributor and manufacturer of packaged foods. According to the division president, Foods Inc.'s traditional strength has been with grocery stores, which still account for the majority of its $1.1 billion in sugar cereal sales. But Big M Mart, a discount chain, has been growing at a healthy rate of almost 15 percent per year and has now become Food Inc.'s largest customer. Your client is not sure how to react, and has asked BCG for assistance with its distribution strategy." *

---

* 由於 BCG 與大部分的顧問公司，在個案面試時多是用全英文方式進行問答，因此用原文的方式呈現個案面試的問題。BCG 個案面試範本可參考：https://careers.bcg.com/case-prep。

接著，你必須根據這些有限的資訊，當場向主考官分析你會如何解決案例客戶的問題。

關於個案面試的技巧、範例題目與解法，坊間已經有許多參考書籍提供新進顧問進行個人練習，此處就不多做細部的解說，而是著重於分享在個案面試背後的「簡約分析法」最基本的邏輯為何，以及為什麼顧問業普遍而言皆會在面試時設這道關卡的原因。

為什麼要使用 BoE ？

BoE 對策略顧問而言之所以重要，是因為可以幫助顧問快速測試假說的合理性。

假設你要推出一項家用的新產品到臺灣市場，初步估算得賣 10 萬臺才能達到損益兩平點。然而，由於產品的特殊性，根據其他市場的經驗，頂多 100 戶家庭才有 1 戶會購買。如果是這樣，在臺灣上市能賺錢嗎？

這時就能發揮 BoE 技巧：假設臺灣約 2,400 萬人，一戶人口若是 3 人，大概就有 800 萬戶，如果只有 1% 家庭會買，

最多也只有 8 萬戶會買，看來虧錢機率不小。因此，可能要考慮調整策略，或許是價格要更吸引人，或者是拿掉一些臺灣市場不需要的功能，以降低產品成本，又或者是考慮捆綁利潤較高的附屬配件等。

不知道你感受到了嗎？ BoE 的厲害之處，在於你還不需要到處收集資料之前，就能用數字與邏輯快速建立假說，或是測試目前假說的可靠性。

BCG 對新進顧問的期待，並非在第一天就能提供完美的答案，而是要能夠從第一天開始，就不斷進化假說。BoE 是幫助你與同事、主管透過討論，一起使假說進化的工具。簡單來說，在顧問業面試時所採用的個案面試，並不是故意想要考倒面試者，或是讓面試者感到挫折；個案面試的討論形式，基本上就是顧問每天都會碰到的討論過程。

新進顧問與資深顧問開會時，一開始拿出來的論點一定不夠完美，資深顧問在過程中會毫不留情地利用 BoE 技巧，挑戰你的思考邏輯、前提假設，目的不是要挫人銳氣，而是透過這樣的討論，可以讓雙方在步出會議室後，都能拿出已經歷過數次進化、具有 insight 的假說。

BoE 的四個基本步驟

無論你今天遇到什麼問題，運用 BoE 做粗略的分析，基本上就只有四個步驟。下面將用一個簡單的例子，說明這四個基本步驟究竟包含哪些元素。

「你的客戶是一間食品大企業，財力十分雄厚，執行長看到臺灣手搖飲料的風潮一波接一波，他想知道如果公司投入大量資金，是否能夠成為市場中的領先者？」

1. 建立模型（Build the Model）：把問題切割成數個小問題

BoE 的首要大忌，就是一開始就把問題想得太複雜。建立模型，意思是看到一個大問題時，立刻用一些很簡單的算式，將問題分解開來。

為了確認是否該進入一個市場，首先需要知道這個市場有多大，因此一個簡單的公式就出現了：

（消費者人數）×（一年每人消費多少杯）×（一杯多少錢）

2. **搜集數據**（Collect Data for Components）：**把數據填入公式**

當你建立公式之後，就用隨手可得的工具取得相關數據，例如用手機快速上網查一下，或者直接給出假設的數字亦可。此階段不求精確，猜測的準確度會與你處理問題的經驗有關。如果你對數字的「感覺」比較強烈，很多時候甚至某些關鍵數字對你來說已經是常識，都在自己的腦海裡。

3. **合理性確認**（Sanity Check）：**檢查算出來的答案是否合理**

既然你只是大略預估一下公式中每個元件的數字，最後算出來的答案就要透過其他比較基準來檢查其合理性。譬如說，你以前曾經做過臺灣餐飲市場的專案，若此時算出的手搖飲料市場的數字，居然比整個餐飲市場還要大，就表示有某個元件的假設數字不合理。想要快速得出合理性確認，除了靠經驗之外，其實沒有特別的訣竅。經驗不一定非得靠實際的顧問專案來累積，沒有顧問經驗的人也可以透過練習、閱讀大量產業資料來培養這種對於數字的「感覺」。

4. **導出啟示**（Evaluate Implication）：**算出這個數字，然後呢？**

在一連串推導之後，你面對的終究不是純粹的數學題目，而是為了解決某一個問題。估算出手搖飲料市場的大小之後，這個數字對於客戶而言代表什麼意義？該怎麼運用這個數字來評估客戶是否該進入手搖飲料市場？

基本上，BoE 的分析流程就這麼簡單，反覆操作此流程，就可以幫助你把一個大問題拆解成數個小問題，再進行討論。

在 BoE 中，數字的精確性不是首要重點，只需「合理」即可。因此，推導的邏輯、每個元件假設的邏輯、檢驗合理性的邏輯，以及如何應用的邏輯才是重點。無論是個案面試或是與資深顧問開會，使用 BoE 來討論，看重的是你在分析這個問題時的邏輯，是否走往對的方向。至於數字精確與否，可以留到確定推導邏輯沒有太大偏誤之後，再行查找、補齊。

BoE 的目的，是要區別「有根據的猜測」與「胡亂猜測」的差異。作為一個專業人士，你的猜測一定要有根據。透過 BoE 的討論，也可以作為你的自我提醒，提醒自己在設定假

說時，究竟是真的有相對應的數據支撐，抑或只是你沒有根據地「憑感覺」猜測。如果你發現自己設定的假說並沒有數據支撐，這時應該要有危機意識，趕快用 BoE 拆解分析。可想而知，策略顧問在實務上時時都會用到 BoE，並讓 BoE 成為一種習慣動作。

定量分析

定量分析的目的是為了證明假說的正確性，因此在進行任何定量分析以前，都要清楚知道你所要證明的假說為何，以及為什麼這個定量分析可以幫助你證明這個假說。

進行定量分析是個浩大的工程，需要投入大量的時間與精力，因此在動手做之前，一定要再三確認自己是否知道為什麼要做這份分析，千萬不要在腦袋還糊里糊塗的時候就開始跑數據。做白工不可怕，耗盡一堆心力和時間，到頭來卻做了白工才可怕。

此處所介紹的定量分析方法，主要是幾個幫助你「加

工」第二手資料的常用方式。譬如說，你手上拿到的是與其他人並無二致的銷售數字，但若你將公司員工數加入計算，做成（銷售額）÷（員工數）的「員工平均銷售額」，再將其拿來與競爭者做比較、與公司過去十年的資料做比較，可能就會得出一些有趣的觀點。

在一個專案中，必然會使用許多第二手資料。若想發現過去不為人知的 insight，不一定非得要拿到從來沒人搜集過的資料才可以，很多時候，以你獨特的觀點來詮釋、運用現存的第二手資料，就能找到讓客戶驚豔的 insight。

以下介紹幾個策略顧問常用的定量分析方法。

比較（Comparison）

「比較」的概念很簡單：把 A 公司拿來與 B 公司做比較、A 部門與 B 部門做比較、A 產品與 B 產品做比較……。唯一要注意的是，比較的「單位」要對等。概念很簡單，人人都會做，但重點是你如何詮釋與運用比較出來的結果。

圖 6-1 是 A、B 兩間公司各通路營收占比的比較圖。

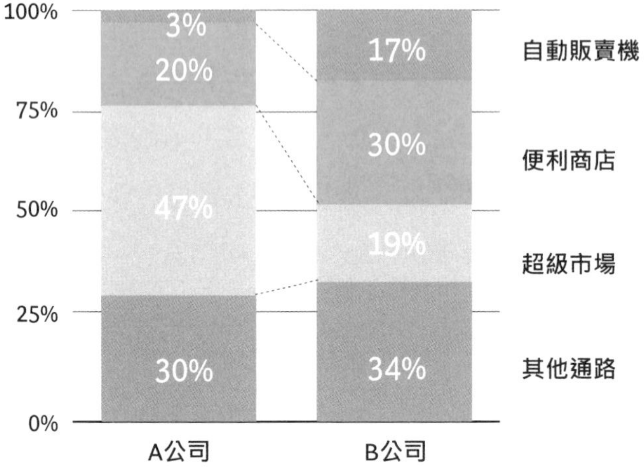

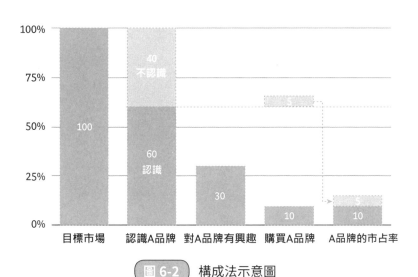

　圖 6-1　比較法示意圖

　圖 6-2　構成法示意圖

試想一下：如果你知道，超級市場通路的成長率與收益率，同時都比自動販賣機與便利商店低，那你會如何詮釋這張比較圖？

構成（Composition）

「構成」是指將討論的對象進行拆解，並找出其組成的元件有哪些。此方法可以應用在討論整個市場內究竟有多少比例的高、中、低階產品，或是目標市場中的消費者對於該品牌不同忠誠度的分布等等。應用的方式有很多，只要記得最根本的概念是將一塊完整的大餅切開來，看看裡頭是什麼模樣。

請看圖 6-2。試想：為什麼經過調查之後，表示「自己購買 A 品牌」的消費者，竟然會比 A 品牌實際的市場占有率還要低 5%？這 5% 的消費者為什麼在調查中被遺漏了？這對 A 品牌來說，具有什麼樣的策略意義？

趨勢（Trend）

趨勢通常應用於呈現具有時序性的市場規模變化，包含

歷史趨勢與未來趨勢。在製作歷史趨勢資料時，應盡可能納入愈久遠的年代愈好，但還是要視不同產業而定。當你把一個產業 30 年的歷史趨勢融入於一張圖表裡，這張圖表會像是一本故事書一般，講述著一個產業內廠商間互動的高潮迭起，也可以看出是哪些新科技導致了市場動態的改變；了解這些故事，能讓你更有效地預測未來。

　　預測未來趨勢，不只是讓這條歷史趨勢的線繼續沿著同一個方向往前延伸，還需要識別關鍵驅動因素，並透過複雜且嚴謹的計算來推算。大抵上可分成「由上而下」與「由下而上」，這兩種方法的預測。「由上而下」的預測通常是以市場的人口成長率、GDP 成長率等資料為計算依據；「由下而上」則是透過抽樣調查各地區的產品使用情形，再把各地的資料加總起來。預測的公式模型通常十分敏感，只要微調任一元件，最後的結果就會天差地遠。因此，策略顧問在做未來市場預測時，會同時進行出上而下與出下而上的統計，以確認透過不同途徑做出的預測皆能得到接近的結果。

分布（Distribution）

　　「分布」的精神是拆解一份整體的資料，但更看重「去

均化」的過程，以觀察其中是否有極端的數值值得深入討論。去均化雖然是個簡單的概念，但在實務上卻也常常因此看到能夠引發後續討論的有趣現象。只要是有用的策略，就是好的策略，千萬不能小看這種躲藏在細節裡的機會。

　　請看圖 6-3。試想：將擁有電視的家庭，以家庭年收入的分布做區分之後，如果你是電視廠商，你看到了什麼機會？如果你是電腦或行動裝置廠商，這個機會對你的意義又有何不同？

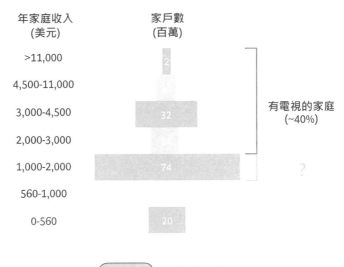

圖 6-3　分布法示意圖

相關性（Correlation）

　　把兩組不同的資料拿來做相關性分析，是一個解釋兩組資料之間關係的工具。但究竟要拿哪兩組資料來分析？思考起來似乎讓人有些摸不著頭緒，這也是為什麼在做定量分析以前，必須要先清楚地知道你想要證明的假說為何。一旦你確定了要證明的論點，對於要往哪個方向找數據分析就會清晰很多。

　　在相關性分析中，最重要的是要有足夠的樣本，才能看出兩者之間的關係。但是，有時候現存的樣本數就是不足以做出信度高的相關性分析，例如其中一個分析的資料單位是國家的 GDP，樣本數就是那麼少。那該怎麼辦？

　　為了要有足夠的樣本數，你必須發揮一點創意。以國家的 GDP 來說，除了花費一番功夫找齊所有國家的資料之外，也可以一併輸入各國過去 10 年、20 年的 GDP 資料，如此一來，樣本數立刻可以增加 10 倍以上。除了跨時序的資料之外，還可以將一國的 GDP 分割成不同城市，再分別輸入，如此一來，樣本數又能多出好幾倍。

關於定量分析的最後提醒

▌確認真正目的是什麼

　　在進行任何資料搜集、定量分析以前,必須先想清楚:為什麼需要這些資料?為什麼要做這個分析?這是為了避免浪費寶貴的時間,並確保你所有的努力都精準投注在關鍵的問題上。本章不厭其煩地強調要以假說為導向,某種程度上就是希望能讓這些有效率且精確地解決問題的概念,牢牢地印在你心中。

▌切忌盲目相信數字

　　雖然你投注了大量的心力去搜尋、分析資料,但要小心,在整個過程中都不能盲目地相信你所找到,或透過自行設計的模型公式所計算出的數字。任何數字都需要通過常識的檢驗,與其他質化資料交叉比對之後,才能放心使用。

▌竭盡所能地「利用」既有資料

　　所謂利用,就是「站在巨人的肩膀上」的精神,因為時

間相當有限，盡可能利用（leverage）所有現存的資源極為重要。如果在網路上搜尋一下就能找到答案，不要猶豫，用就對了；如果客戶已經做過分析，不要懷疑，用就對了。顧問要能快、狠、準地解決問題，若眼前明明擺著別人已經做好的分析、數據，你卻還花時間去做類似的工作，不僅無法跟上高速的工作進度，也會落入瞎忙一場的困局。顧問這行有個說法，要盡量避免疊床架屋（reinvent the wheels），別浪費時間做他人已經做過的事情。

然而也要謹記，利用既有的資料，前提是你要在合法的範圍裡頭做，萬萬不可跨過這條紅線。同時也要小心你看到的資料是否正確，不要只想著要節省時間，卻忽略了資料的合理性，最終還是得用其他途徑驗證其合理性。

■ 把「提供附加價值」放在心上

策略顧問帶給客戶的附加價值來自許多面向，不可諱言，定量分析是極為重要的附加價值來源之一。很多時候，找上策略顧問幫忙解決問題的，是公司裡頭的策略部門，而部門中不乏顧問業出身的人才，可想而知，他們也都有優異的問題解決能力。客戶之所以雇用顧問來幫忙，經常是因為

他們沒有多餘的時間與心力去進行如此大規模的市場研究、資料搜集、定量分析。他們大概知道問題在哪裡，但卻苦於沒有資料與數據來確認他們的想法。因此，定量分析不只是顧問用來說服客戶的「把戲」，更是確確實實對客戶有極高價值的資訊。

建構強而有力的
策略故事

「故事有其目的與途徑，

為了能夠被理解，

必須用正確的方式傳達。」

——馬庫斯·塞奇維克（Marcus Sedgwick），英國作家

用投影片訴說「策略故事」

製作投影片（slides writing）對策略顧問而言，是最基本、最核心的能力之一。為了能夠最有效地呈現策略架構與重點的需求，策略顧問所使用的投影片有一套特定的呈現模式，這可能與你在學校或一般企業中所使用的投影片製作方式有極大的差異。

本章將介紹 BCG 所遵循的投影片製作原則與技巧，教你讓單張投影片的空間達到最大效益。

投影片的基本元素

傳達商業策略的投影片，在 BCG 的標準中，每一頁都必須包含以下三個基本元素：關鍵訊息（key message）、內容主體（content body）及資料來源（data source）。

1. 關鍵訊息

每張投影片最上方都要有一段關鍵訊息，作為投影片的標題。策略顧問式的投影片，與一般人慣用的「下標題」方式，最大的不同點在於一般標題幾乎都是「標籤類」的標題，例如「簡介」、「營運概況」、「行銷策略」等等。策

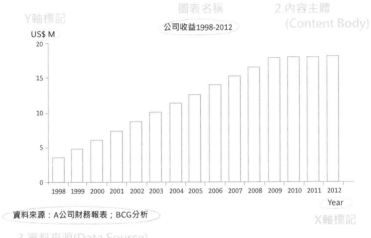

1.關鍵訊息(Key Message)

A公司近3年收益成長停滯

Y軸標記

圖表名稱

2.內容主體
(Content Body)

公司收益1998-2012

資料來源：A公司財務報表；BCG分析

3.資料來源(Data Source)

X軸標記

圖 7-1 　策略顧問式投影片的基本元素

略顧問式的標題，最重要的是能夠傳達一個具有策略意義的
訊息，例如：「日本X產業市場已飽和」、「Y公司需增加
研發投資」等等。

　　策略顧問式的投影片，目的在於協助顧問向客戶講述一
個「策略故事」，而每一張投影片上的關鍵訊息，就是構成

這個策略故事的每一句話。因此,一份好的顧問式簡報,
就是只要讀過每一頁投影片的標題,即可充分了解該份投影
片的完整故事。從故事的角度來思考,不難理解為什麼策略
顧問式的投影片中,絕對不該出現像是「公司簡介」這樣的
標題。如果有一本小說,第一章的標題是「人物介紹」,第
二章是「故事背景」……,你很難想像被下了這種標題的小
說,能訴說多吸引人的故事。

　　總而言之,關鍵訊息是投影片的靈魂,要一字一句地建
構出你的策略故事。為了讓投影片切中要領、達到最大效
益,必須謹記「一張投影片說一段訊息」(one message per
slide)的原則,勿將過多的資訊塞在同一張投影片中呈現,
也要盡量避免用過多的投影片來傳達一個訊息。按照此原則
去控制單張投影片的資訊量,能幫助你製作出精要且充實的
投影片。

2. 內容主體

　　策略顧問式的投影片中,內容主體大多是各種類型的
分析圖表,有時也會依照特定需求放入訪談所得到的引言
(quotes),目的是用來解釋或證明該張投影片的關鍵訊
息。由此可知,一張投影片上可能不只包含一張圖表,而是

足夠用來證明關鍵訊息的所有可能工具。

　　只要是有製作投影片經驗的人，都應該知道放在投影片中的圖表，必須要有「圖表標題」與「Ｘ、Ｙ軸項目」的標記。特別提出這點，原因正是因為這些細節太常被大家視為理所當然，所以即使是策略顧問，有時候工作一忙，必須快速完成投影片時，就容易一時疏忽而有所缺漏。

　　策略顧問在客戶面前呈現工作成果時，任何微小的失誤都可能完全摧毀你的可信度（credibility）。有時候即使你所提出的策略完全正確，圖表與數據也沒問題，但卻在圖表標題或Ｘ、Ｙ軸標記的地方犯錯，最後被比較挑剔的客戶發現，他可能就因此緊咬著你的小錯誤不放，質疑你連這種幾近常識的小地方都會犯錯，那要如何說服他，你有足夠的能力去制定公司的策略、決定公司的存亡？

3. 資料來源

　　資料來源也是決定一份策略報告優劣的關鍵之一。在定量分析的章節中，曾經提到策略顧問之所以能得出創新的策略，很多時候並非得要拿到從來沒人挖掘出的資料或數據，而是要能夠巧妙地運用第二手資料。正因如此，將資料來

源如實詳列在每一張投影片中，不僅是身為專業顧問最基本的禮節，更重要的是，當客戶對投影片裡的任何資料、數據有疑問時，你心中會有一個清楚的概念，知道該到哪裡找答案。作為一個專業人士，列出資料來源的內容才算完整。

何謂「好」的投影片？

BCG 在實務上檢驗顧問製作的投影片是否合格，首先會確認上述的基本元素是否完整，再來就是用三個簡單的原則檢驗：Simple、Insightful 與 Pyramidal。

■ Simple：五秒鐘就能看懂你想說什麼

要求投影片遵循 Simple（精簡）原則，原因在於投影片本身的存在價值，是為了幫助你更有效與客戶溝通想法，既然關鍵在於「溝通」，當然必須精簡易懂。以下提供幾個讓投影片精簡再精簡的技巧：

- 一張投影片＝一個關鍵訊息

  若要做出讓人五秒鐘就看懂的投影片，關鍵不在於讓人在五秒之內就能讀完投影片上的所有細節，而是提

供一個清楚、簡要的訊息。無論內容主體中的圖表有多麼複雜、需要多久時間來解釋，作為投影片標題的關鍵訊息一定只能有一個概念。如果在一頁投影片裡，想講市場衰退的原因，又想講因應的對策，聽者必然會需要更多時間來釐清你到底想要說些什麼。

謹記：一張投影片＝一個關鍵訊息！

- 去除所有贅字

無論是英文或中文投影片，標題的關鍵訊息都應該要極度精簡，能省一字算一字。舉例來說，如果是 BCG 的英文投影片，幾乎不會出現 be 動詞，而假如主詞清楚可知的話，也會盡量省略。

- 選擇最容易懂的圖表

圖表是為了協助更清楚地呈現數據的差異、變化，好的圖表則是以最簡單易懂的方式，即可清楚表達你所欲傳達的資訊。我們常會有種傾向，想要在客戶面前展示自己製作圖表、投影片的能力有多高強，因此想盡辦法用花俏的方式呈現資訊。

製作圖表的功力高低，不在於是否能做出前所未見的華麗圖表，而是能夠將複雜的資訊，用大家最熟悉、

最通用的圖表表現出來。花俏的圖表不僅無助於增加
你提供給客戶的附加價值，若資訊、圖表過度複雜，
導致客戶難以理解，甚至可能會讓客戶感到煩躁，導
致無法完整傳達你的工作成果。

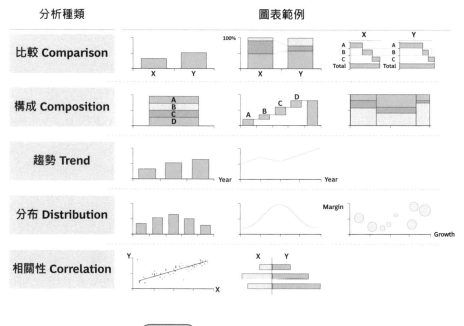

圖 7-2　如何選擇適用的圖表

還記得常用的五種定量分析方法嗎？根據不同的分析方式，此處提供幾種
對應的圖表範例。必須再次強調，圖表的目的在於使數據資料容易理解，
因此千萬不要一味追求華麗，重要的是能否讓人一目了然。

■ Insightful：遵守「突破性」與「針對性」原則

還記得 insight 的定義嗎？要確保你寫在投影片裡的資訊滿足 insight 的標準，有幾個簡單的檢視方式。

Insight ＝客戶不知道的＋符合客戶獨特需求的

＝　突破性　＋　　針對性

- 關鍵訊息是否有「so what」？

  每張投影片都是為了傳達一個關鍵訊息，而要能稱得上是「訊息」，則必須要告訴客戶「so what」（所以呢）。舉例來說：

  ▶「過去市場以 10％的速度成長。」

  →**沒有 so what**

  ▶「過去快速成長的市場，將會在兩年內進入停滯期，存量經營（既有客戶的關係維持）是決勝關鍵。」

  →**有 so what**

「過去市場以 10％的速度成長」是沒有 so what 的一句話，因為它只不過是在陳述一個事實、一個現象，

是描述性的句子。對客戶而言,他們最想知道的並非「事實如何」,而是「這個事實對我來說有何意義」。在客戶眼中,對他們有意義的資訊才有價值。

實務上,除了關鍵的訊息與圖表外,其他有助於解釋或是說明的資料,通常會全部歸到附件(appendix)或輔助投影片(back-up slides)中,例如預測市場規模的計算方式等,若是客戶對主要投影片(main deck)有疑問,就能迅速切換到附件或輔助投影片,以提供客戶需要的事實資料。

- 關鍵訊息是否重複出現?

避免在兩張以上的投影片中提到相同的關鍵訊息,這聽起來宛如常識,但當你想要說明的關鍵訊息背後所包含的資訊量如此龐大時,該如何將這麼多的資訊濃縮在一頁,並且用客戶能夠理解的方式說明,就已經很不簡單了。在實務中,無論是新進或資深的顧問,花上一個小時才做出一張合格的投影片是家常便飯。想像一下,當你背負著公司與客戶的期待,並且要在有限的時間內,把符合以上標準的投影片交出來時,如何設計出一張既包含龐大資訊又淺顯易懂的投影片,可能就不是那麼容易了。

■ Pyramidal：用金字塔原則檢視投影片的邏輯

為了確保一張投影片論述清楚、邏輯嚴謹，投影片的內容主體應該要能清楚支撐關鍵訊息，此時可以利用之前談過的金字塔來設計投影片架構。

回到之前「進入寮國汽車市場」的例子，如圖 7-3。在金字塔架構下，通常會有兩種投影片架構。

第一種是跨好幾個方塊，此時通常是要用子論點來說明

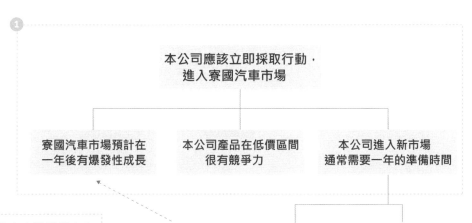

圖 7-3

主要論點。這時候，如果金字塔的結構搭得正確，只有「歸納」與「演繹」兩種可能。投影片看起來會像是圖 7-4。

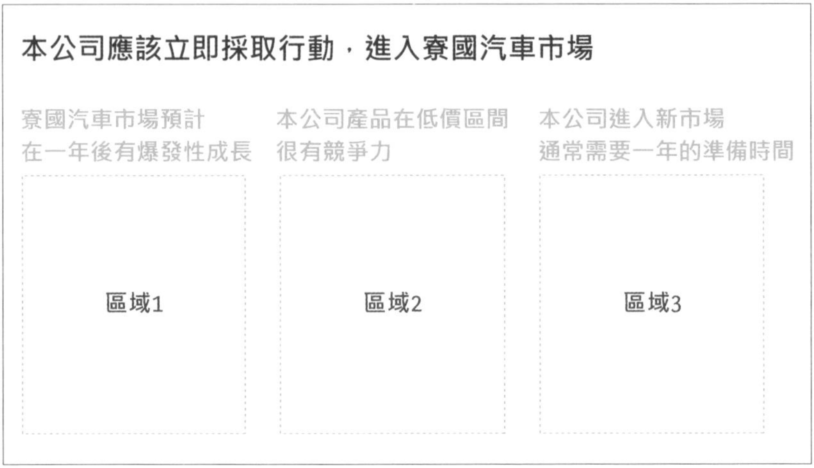

本公司應該立即採取行動，進入寮國汽車市場

寮國汽車市場預計
在一年後有爆發性成長

本公司產品在低價區間
很有競爭力

本公司進入新市場
通常需要一年的準備時間

區域1　　　　區域2　　　　區域3

圖 7-4

　　這裡的區域 1、區域 2 和區域 3，分別是用來支撐各個子論點的說明。如果能夠簡單驗證子論點的話，建議就直接利用該頁的對應區域完成說明。假如需要複雜的分析來說明子論點，可以在該頁之後追加投影片說明，不需要硬把複雜的分析全部塞在一張投影片裡，導致閱讀難度增加，違反之前的 Simple 原則。

　　第二種是說明單一方塊，這裡就是單純以圖表來證明該方塊的（子）論點。投影片的選擇，可以如前述，依照分析的種類來選擇圖表（參照圖 7-2）。以本例來看，如果要說明「汽車市場在人均 GDP 達 3,000 美元時會有爆發性成長」，投影片看起來會像是圖 7-5。

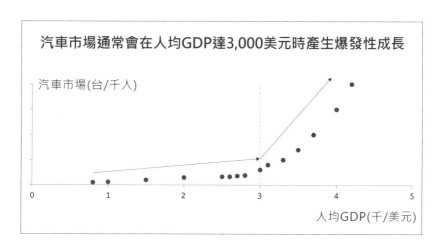

圖 7-5

成功撰寫投影片的執行摘要

▋ 什麼是執行摘要？

　　簡單來說，執行摘要（executive summary）就是在整份

投影片一開始，方便讓聽者，尤其是平常忙碌的重要主管或
董事們，快速了解整份報告最精華、最關鍵的重點訊息。

一份報告之所以需要執行摘要，原因是在大部分的情況
下，董事長、執行長通常無法花上半天的時間聽顧問發表整
份報告，因此，一張執行摘要就必須包含高階主管需要知道
的所有關鍵訊息，換句話說，執行摘要是高階主管用來評估
整份報告是否對他有價值的重要依據。

然而，成功的執行摘要並不只是像目錄一般，把投影片
的標題複製貼上就可以交差了事。一份可能多達上百頁的策
略報告，要如何濃縮在一頁的執行摘要裡，而且還得說出個
道理，無疑是策略顧問製作投影片時最困難的挑戰之一。

■ SCR+N 原則

BCG 撰寫執行摘要的方式，基本上是遵循 SCR+N 原
則。所謂 SCR+N 原則是指：情境（situation）、問題
（complication）、解答（resolution），以及下一步（next
step）。

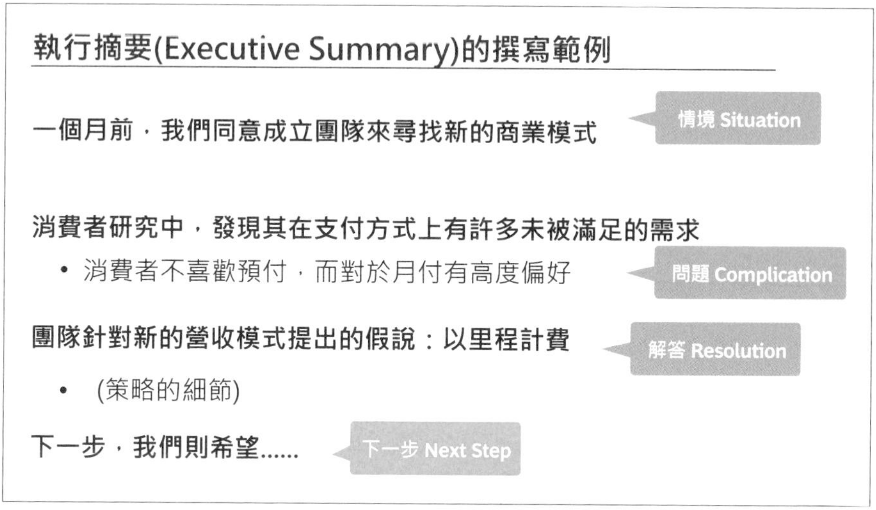

執行摘要(Executive Summary)的撰寫範例

一個月前，我們同意成立團隊來尋找新的商業模式 　　情境 Situation

消費者研究中，發現其在支付方式上有許多未被滿足的需求
- 消費者不喜歡預付，而對於月付有高度偏好 　　問題 Complication

團隊針對新的營收模式提出的假說：以里程計費 　　解答 Resolution
- (策略的細節)

下一步，我們則希望…… 　　下一步 Next Step

圖 7-6 執行摘要的撰寫範例

　　在執行摘要中，「情境」是指總結出目前客戶與你達成的共識，其目的在於讓客戶清楚知道你是基於什麼條件來撰寫這整份策略報告。

　　你所提供的策略要有 insight，而根據 BCG 對於 insight 的定義，其中一個特徵，必須要是客戶不知道的訊息。你可以想像，既然 insight 是客戶所不知道的，若你進會議室後，簡報一開始就丟出 insight，坐在你面前的客戶可能完

全不知道你在說什麼，也不知道你為什麼突然就丟出這些資訊。因此，先講述情境就變得非常重要，情境是你與客戶共同知道的資訊，例如此次專案的目標、客戶委託你解決的問題等等。

用一兩句話總結情境之後，接著提出此次專案的「問題」，此時便是你放入 insight 來吸引客戶注意力的時機。絕大部分的情況中，客戶找顧問公司解決問題時，早已認定公司目前所遇到的問題為何，但這往往不會是問題的核心。

因此，在執行摘要中，需要納入你經過分析、調查之後，所挖掘出的核心問題為何。讓客戶聽到此處時，不由得期待地問：「那請你告訴我，該怎麼解決？」

提出問題之後，自然會導向「解答」，讓客戶知道你針對這次的問題，基本的策略方向為何。

最後還要加上「下一步」，讓客戶了解你與他們在這次會議之後，還會有哪些合作的行動與計畫，以確保新策略的執行。

想要寫出好的執行摘要，需要累積多年經驗，但這絕非策略顧問專屬的技巧。若你是在非顧問業領域工作，只要有效運用執行摘要的概念與技巧，就能幫助你在公司或是任何場域做簡報時，讓聽者迫不及待想聽你接下來會說些什麼。

策略式投影片的品質檢測

高品質的投影片，能成功傳達你在分析之後所產出的 insight；低品質的投影片，不僅無法幫助你傳達 insight，更可能讓客戶對你的策略更加困惑，甚至感到不耐煩。以下提供幾個檢測投影片品質的標準，當你有機會製作策略式投影片時，不妨用這些標準來檢查一下你所製作的投影片是否合格。

- ☐ 清楚：是否有任何模稜兩可、定義不明的字眼？
- ☐ 簡單：一張投影片是否只有一個關鍵訊息？投影片上的所有資訊都是為了關鍵訊息而存在，不應有多餘無用的資訊，也要使用簡單易懂的字句。
- ☐ 有力：你的 insight 是否會讓人有當頭棒喝的震撼？
- ☐ 合理：論述是否前後一致？邏輯是否讓人容易理解？
- ☐ 誠實：事實資料是否正確且能夠支持你的論點？

☐ 聽者觀點：你的策略故事是否是聽者需要知道的？是
否有對聽者而言毫無價值的多餘資訊？

如何編寫策略故事

編寫策略故事（storylining），說穿了就是如何安排投
影片的先後順序，採用簡潔易懂的敘事方式，使客戶容易理
解，進而被說服。

很多專案經理偏好先撰寫執行摘要，把最關鍵的訊息記
錄下來，再開始寫出每一張投影片可能會提到的關鍵訊息。
通常，團隊在專案一開始時，就要著手編寫策略故事，實戰
上用的方法很簡單，只需在白板、白紙或是便利貼，畫上你
目前所想像的每一頁投影片大致的樣子。不需要過度在意內
容是否正確，只要能幫助你看到最後成果粗略的模樣即可。

一般來說，初步的故事草稿最好控制在一個小時之內完
成。畢竟這只是最粗略的概念，目的是幫助你思考過一遍整
個簡報的方向。你會發現，從初稿到最後完成的版本，有可

能 90% 的地方都不一樣。即使如此,花一個小時寫草稿,會幫助你迅速找到方向、開始進行專案,而不會像無頭蒼蠅一樣亂槍打鳥地開始專案。

著手寫篇動人的策略故事

▌第一步:蓋出金字塔

利用金字塔架構,初步分析你所面對的問題,並寫下策略背後的邏輯。使用金字塔架構的方法可以參考本書第三章。

此步驟基本上只是幫助你釐清問題與策略的邏輯,撰寫的同時,可以遵循 SCR 原則,以情境、問題、解答的順序去思考,能夠幫助你更清楚看到該策略故事的目標為何。

▌第二步:包裝

運用金字塔架構只是確認邏輯,然而,要寫出好的策略故事,最重要的是如何包裝與編排故事的走向。

所謂包裝,並不是加油添醋、用不實的內容去欺騙客

戶，而是要思考以下這幾個問題，並且把這些問題的答案融
入你的策略故事中：

- 我的聽者是誰？
- 他們想要知道什麼？
- 他們不喜歡聽到什麼？
- 我想要達到的目標為何？
- 我該用什麼風格來表達？

　　如何塑造一個真正讓客戶理解與接受的策略故事，與你
對客戶的了解有關。分析與研究結果的好壞，以及是否有
insight 固然重要，但如果因為在設計策略故事時，忽略了客
戶的偏好與接收資訊的習慣，導致你的成果功虧一簣，豈不
是得不償失？

東西風格大不同

　　在實務經驗中，最需要考慮的策略故事的基本敘事風格，
大致上可以分為兩種：東方型與西方型。這裡所說的「東、
西」方，指的並非是客戶的國籍或文化，而是客戶本身的行
事風格。因此某些亞洲、臺灣的客戶可能會適合用西方式

的風格，某些外商客戶也有可能會比較適用東方式的風格。

■ 東方型風格：旁敲側擊型

　　如果你的客戶是偏東方型的風格，你的策略故事自然也要順勢而為，用他們習慣、偏好的方式來進行論述。

　　這種類型的客戶，比較不喜歡把話說得太白，因此，面對這樣的客戶，關於你如何設計策略故事的意義，千萬不要一開始就說出結論。這並非因為你的 insight 有誤，而是你的 insight 可能會對他造成太大的衝擊，導致客戶一開始聽了你的驚人結論之後，腦袋便一片空白，或者下意識地想要抵抗你接下來所講的分析。尤其當你必須揭露壞消息時，對東方型的客戶太過直接，可能會讓整場會議一開始就充斥著防衛性的敵對氣氛。

　　譬如說，你經過分析之後，發現這間公司主管階層的薪水比產業平均薪水高出太多，若把主管階層的薪資減半，將能有效地降低成本，也不會影響公司整體的運作。但如果你在一開始報告執行摘要時，第一句話就說：

「按照公司目前的營運模式，最多只能再撐兩年，除非你有效地縮減支出。而縮減支出的方法有兩種，其中一種是把目前主管階層的薪水減半。」

你可以想像，坐在會議室裡的主管們聽到你這麼說，心裡會產生什麼想法。即便你的分析完全正確，而且將主管階層的薪水減半也是唯一出路，但客戶恐怕還是無法心平氣和地聽你好好報告完，甚至因此更積極在過程中找碴，想要讓你在執行長面前可信度盡失，以避免執行長真的採用你所提出的策略。

這就是為什麼如何包裝你想傳達的資訊是一件重要的事。所謂包裝，並不是要講違背良心的話，也不是要報喜不報憂、刻意逃避必要之惡，而是換個方式，透過更詳盡的資訊與容易理解的邏輯，讓這些令人難以接受的訊息，有更多消化的時間與機會。

由於你的最終目的是讓客戶了解你的策略，進而接受、採用你的策略。因此，面對東方型的客戶，就必須把結論放到最後，先一步一步地解說每個階段的分析與 insight。

當他們了解你的推導過程，同時也同意你的說法時，就能理解為什麼「主管階層薪水減半」的結論是困難但必要的決定。

■ 西方型風格：單刀直入型

相對於東方型風格，需要層層鋪陳才能達到成功說服的目標，面對習慣「西方型風格」的客戶，則必須採用單刀直入的方式，從一開始就投下震撼彈，抓住他們的注意力，讓他們理解事態有多麼嚴重，進而建構起「非改不可」的決心。

以相同的例子來說，面對西方型風格的客戶，你可能在執行摘要的一開始就要說：

> 「照現狀下去，貴公司很難在半年內不破產，除非你們大膽採取以下兩個方案，可能還有起死回生的機會。」

你可能很難想像，但有些客戶的確就喜歡你直接一點。沒有人會無緣無故花大錢請顧問公司來解決問題，執行長自己其實也知道事態嚴重，所以他可能根本沒有耐性聽你囉唆地講一堆話，卻沒有結論。有些執行長更直接一點，甚至只

聽你講十分鐘，沒聽到結論就直接離席。

　　每個客戶的喜好與習性都不同，作為一個策略顧問，在與客戶合作的過程中，能夠快速了解特定客戶的喜好，也是重要的能力之一。

設計策略故事時常犯的錯誤

　　要做出好的策略式投影片，需要顧及的細節難計其數，因此靠的還是不斷練習與犯錯，才能累積經驗。以下提供幾個製作投影片時常犯的錯誤，未來你若有機會製作投影片，或許也能用這些角度來檢視是否有改進的空間：

- 內容出錯：投影片最基本的是內容要正確，無論是錯別字（或在英文簡報中拼錯字）、圖表缺了單位或 XY 軸項目、資料來源錯誤等等，都會大大傷害你在客戶面前的可信度。
- 資訊量太大：謹記一張投影片傳達一個關鍵訊息的原則，盡量不要放與支撐關鍵訊息無關的資料在投影片

上。如果需要兩張以上的投影片才能把一個關鍵訊息講清楚，表示你花在思考的時間與努力還不夠，必須繼續努力想辦法濃縮資訊，一頁就講清楚。其他關聯度不高的資料可以放在後面的輔助投影片或是附件。

- **邏輯錯誤**：開始撰寫投影片前，務必用金字塔架構檢視你的敘事邏輯是否正確。檢查你的關鍵訊息是否與內容主體相呼應，而不是放了一個根本無法用來解釋關鍵訊息的內容。

- **沒有 insight**：嚴格要求自己，每一頁的關鍵訊息都要對客戶有價值。重複敘述客戶已知的事，或是單單描述一件事實，對客戶都沒有附加價值。檢視你的投影片，問自己：「這是客戶原本就知道的嗎？」

- **沒有顧及到聽者是誰**：投影片是輔助溝通的工具，必須考慮：目標聽者是誰？什麼風格最容易讓聽者吸收？哪些資訊是聽者需要知道的？哪些是聽者想要知道的？哪些是需要盡量避免的？

用簡報說服
關鍵的人

「90％的演講過程是好是壞，

在講者踏上講臺之前就已成定局。」

── 薩莫斯‧懷特（Somers White），頂尖商業演說家

精進簡報技巧

　　上臺簡報並不是什麼罕見的經驗，每個經歷過大學教育的人，多多少少都曾經站在講臺上做簡報。如果你是商學院、管理學院出身，或是曾經修過商管課程，應該更能感受到在商業世界中，簡報是一項不可或缺的溝通能力。

　　不可諱言，有些人似乎天生就有演講者的魅力，上臺簡報對他們來說從來不是需要思考「如何精進」的事。當你好奇地詢問他們，如何才能擁有這樣的簡報魅力，卻很少人能說出個所以然。

　　這裡所要介紹的簡報技巧，是為了想要精益求精，或是想要突破現況的人所設計。

　　如果你自覺自己的簡報技巧超過平均水準，目前在簡報上也沒有遇過太大的困難，不妨看看 BCG 是如何訓練新進顧問的簡報技巧，檢視自己是否還有改進的空間；若你不是個天生的簡報高手，希望透過後天訓練達到高水準的表現，那麼跟隨接下來的要點多加練習，絕對能讓你的簡報功力有明顯的改善。

　　乍看之下，你或許會覺得此處所介紹的技巧過於瑣碎，也不是什麼前所未見的概念，但所謂知易行難，想讓簡報功力從 85 分提升到 90 分、甚至 100 分，靠的就是——剷除藏在細節中的魔鬼。因此，接下來將盡可能囊括 BCG 在簡報的事前準備，以及簡報過程中的所有經驗技巧，提供一些可以努力的方向給想要精進簡報能力的你。

理解簡報的第一步：「說」比「寫」更重要

　　簡報通常包含兩大要素：口頭報告、投影片製作。不難理解，唯有在兩者相輔相成的情況下，才能促成一次「好」的簡報。

　　當你站在臺上時，究竟是「說」比較重要，還是投影片上「寫」什麼比較重要？不需要考慮太久就能理解，兩者相較之下，「說」的重要性的確高於「寫」太多了。回想你在大學上過最精采的一門課，這堂課之所以在你腦中留下深刻的印象，通常不會是教授所做的投影片有多華麗、多精采，甚至在大部分的情況中，這些教授所做的投影片簡直沒有任何優點可言：密密麻麻的字、如教科書般無趣（甚至是直接使用教科書所附贈的投影片檔案）。真正精采的，是他如何

將枯燥的文字，轉化成發人深省的知識。

有趣的是，當你踏入顧問業後，可能第一年就會完全忘了「說」比「寫」更重要的道理。

在顧問業，加班熬夜通常不會是為了練習簡報，而是製作投影片。從先前對投影片的介紹，大致上就可以體會新進顧問在製作投影片時，絕對會有被專案經理反覆退回、要求修正改進的壓力。在這樣的壓力驅使之下，原本重要性只占簡報整體 30% 的投影片，反而耗費了你 90% 的時間與精力，導致在與客戶的會議中正式上場時，口頭報告卻產生一堆小問題。

無論你是否身處顧問業，千萬要記得，投影片只是輔助的工具，並非完全不重要，但一定要給自己充裕的時間反覆練習口頭報告。

BCG 的簡報祕笈

BCG 的簡報祕笈，說穿了只是一份詳盡的指南，囊括了從事前準備到正式上臺完成簡報為止的重要細節，所以說

這是「祕笈」，可能有些言過其實，因為這些細節都不是祕密。真正的祕訣，其實是不厭其煩地練習，以及厚著臉皮面對自己的缺點，再加以改進。

關於增進簡報技巧的要點，接下來將區分為兩階段，分別是事前準備與正式上臺時需要注意的幾個領域。

簡報前的事前準備

設定目標（Objective）

設定目標，與先前所提到的製作投影片時必須思考「你的關鍵聽者是誰」，這兩者之間相輔相成。

每次與客戶開會，或者廣泛一點來說，每次簡報都一定會有一個你想要達成的目標。這個目標可以是向聽者報告工作進度，或是說服聽者同意某些想法，又或是促使聽者去落實某些行動等等。無論你的目標為何，重要的是一定要先清楚設定這次簡報究竟想要達成什麼目標。

策略顧問與客戶開會時，通常會有多種目標融合在一起。舉例來說，假設你的最終目標是促使客戶聽從你的建議，把產品擴張到非洲市場。為了達成這個目的，必須先提供你的研究與分析成果給客戶，進而成功說服客戶，「進入非洲市場」正是他們應該有的策略方向，最後才能讓客戶真的將策略付諸行動。

因此，依據「關鍵聽眾」明確設定「簡報需要達成的目標」，是事前準備的第一步。

分配工作角色（Role Play）

BCG 與客戶的簡報場合中，通常不會只派一個顧問參加，但無論參加的人數多寡，每個在現場的人都必須有附加價值。

分派工作的方式有很多，取決於該場會議的需求。譬如以簡報中的不同類別（市場研究、消費者研究、通路研究等等）來區分，算是最簡單的工作分配方式之一。除了報告人（presenter）之外，BCG 實戰中較常出現的工作角色還包括：

- 引導員（facilitator）：引導員不一定會直接負責簡報的工作，而是在簡報過程中或簡報完之後，需要與客戶進行討論時，負責引導客戶問問題以及討論的角色。想要做好引導員的角色，往往需要較多與客戶互動和觀察現場反應的經驗累積，因此較常是由資深顧問或專案經理擔任。

- 補給員（backup）：補給員基本上不需要上臺簡報，最重要的功能，是在整場簡報進行的過程中，隨時準備好可能會需要用上的補充資料與數據等等。當你向客戶報告比較複雜的數據或演算時，客戶有可能會直接打斷你，要求你提供更多研究的基礎背景以方便他們理解，此時補給員的角色就非常重要，必須立刻將補充資料秀出來。因此，補給員需要高度了解簡報故事線與每一頁的簡報內容，才能在最即時的情況下，提供精準資訊協助簡報者講解與反饋問題。事前的準備是補給員的必要工作。

時間分配（Time Allocation）

　　BCG 所使用的時間分配原則，大致上是以「一張投影片 2 分鐘」的基礎來計算，由此分配每張投影片所需要囊括的

資料量多寡。2 分鐘報告完一張投影片只是計算的基礎，一般來說，一份完整的投影片中，必然會包括一些含有關鍵訊息的投影片，以及一些只需要簡單帶過的投影片。在 2 分鐘內能夠報告完的資訊量，所指的是含有關鍵訊息的投影片，其餘則可以用較少的時間帶過。

若以一場 30 分鐘的會議為例，時間的分配可能如下：

- 1 張執行摘要：1（張）× 1（分鐘）＝ 1 分鐘
- 8 張關鍵訊息：8（張）× 2（分鐘）＝ 16 分鐘
- 6 張簡單帶過的資訊：6（張）× 0.5（分鐘）
  ＝ 3 分鐘

依照這樣的時間安排，投影片的總數約為 15 張，而整份簡報報告完約花費 20 分鐘，剩下的 10 分鐘則是保留給客戶詢問問題以及進行討論的時間。

以投影片作為簡報的輔助工具，最忌諱張數過多或過少。投影片張數過多，幾秒鐘就切換一次，會讓人有眼花撩亂的感覺，因此建議將其他投影片進行精簡或是放至附錄中；張數過少，則表示你在投影片的版面中壓縮了過多的資

訊，當你停留在同一張投影片上過久，不僅讓人難以有效吸收資訊，更會導致聽者昏昏欲睡，此時則要調整簡報內容資訊量多寡，重新進行簡報設計。

設計簡報流程（Presentation Flow）

簡報的設計流程，意指如何安排投影片的順序，進而能夠清楚表達你所想要傳達的關鍵訊息。如何設計簡報流程並沒有黃金定律，一樣是依照這份簡報所希望達到的目標來設計。

下面簡單示範兩種可能的流程設計方式：

- 比較選項式

  比較選項式的流程，多半用在你想要向客戶呈現哪個選項是你所推薦的。因此，流程設計方式可以先分別講述各個選項的優點，再分別提出各自的缺點，最後再提出一個經過綜合評比的結果。

- 分析項目式

  分析項目式的流程，則比較常運用在呈現出不同單位或項目所遇到的問題及可能解決的辦法。例如公司在

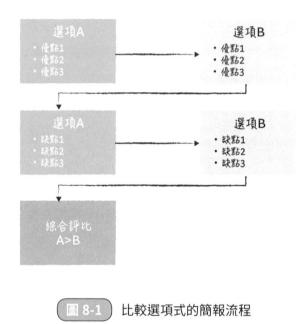

圖 8-1   比較選項式的簡報流程

　　產品、消費者與通路上各自的問題,或是公司的行銷、業務與研發等三個部門所遇到的問題等等。

　　再次強調,簡報流程的設計完全是依照會議的需求而定,因此沒有絕對的對錯優劣。需要注意的是,無論你使用哪種流程,一開始一定要先簡單向聽者解釋投影片的架構,也就是該如何讀這張投影片。例如,你可以說:「接下來用

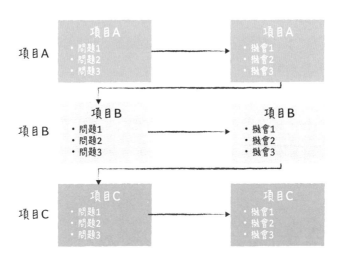

圖 8-2　分析項目式的簡報流程

這張投影片來解釋各個選項的優缺點」、「我們來看一下各個項目的問題與機會」、「這張投影片的橫軸是時間，縱軸是營收高低」等等。

　　事先簡單介紹投影片的架構，好處是讓聽者可以快速理解這張投影片的設計邏輯。此外，當你遇到簡報時間不夠的情況，甚至可以在介紹完整體架構之後，就直接跳到你想要

強調的選項或項目來做比較詳細的說明。讓聽者對你的簡報流程有基本的理解之後，能夠自由調配、運用的講解方式就會變得更有彈性。

簡報流程之所以需要設計，是為了符合一般人理解事物的邏輯，因此最忌諱重點跳來跳去，導致聽者無法快速了解你目前所說的東西對他而言有何意義。

統整訊息（Integrated Messages）

當你在進行簡報時，你所「說」的應該要是統整過後的訊息，而不是照著投影片上所寫的一字一句「唸」出來。因此，在準備簡報時，必須要花點時間，統整出你針對每一張投影片所要「說」的訊息為何。

舉例來說，假設你想要向一家貨運快遞業的客戶，分析他們的獲利為什麼不如其他競爭者，而你對此問題點所做的分析架構如圖 8-3。

當你在投影片上呈現出這樣的分析架構時，如果只是照著投影片「唸」，可能會變成：

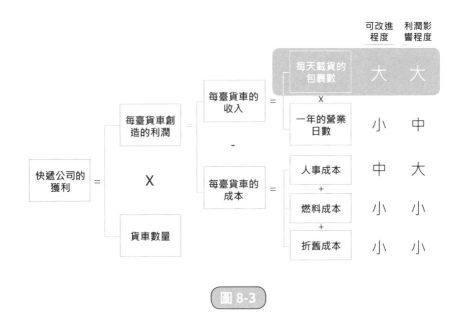

圖 8-3

「這是貴公司的獲利，等於每臺貨車創造的利潤乘上貨車的數量。而每臺貨車每年的利潤，則可以分成每臺貨車的收入減去每臺貨車的成本。每臺貨車的收入又可分成……」

　　如果只是照著投影片「唸」，就會變成這種無聊到讓人打哈欠的簡報。當你要向客戶解釋你如何分析他們的獲利來源，以及建議的改善目標時，以上述的例子來說，經過統整後的較佳敘述方式是：

「我們拆解了利潤，之後分項去評估每個部分可以改進
的程度，以及對整體利潤的影響程度。經過分析之後，
每臺貨車每天載運的包裹數量，是提升貴公司利潤的最
大關鍵點。」

雖然你想從頭到尾清楚解釋一遍分析的邏輯，但客戶想
要知道的，只有兩件事：你是用什麼方法分析，以及結論是
什麼。因此，不需要把投影片上呈現的所有算式都照本宣科
地唸一遍。比起唸算式，將經過統整後的訊息「說」給客戶
聽，反而更容易使他們理解與吸收。

預設討論（Discussion Expected）

BCG 非常重視在會議中能夠與客戶進行充分的討論。無
論是在簡報中或簡報完成後，都會針對最關鍵的策略決定，
與客戶當場進行討論。客戶可以利用這個機會將疑慮提出
來，而顧問也能藉此進一步了解客戶是否有被說服。

最擔心的是，顧問洋洋灑灑講了一堆建言，結果客戶沒
有任何反應，沒有贊成的聲音，也沒有反對意見。此時，非
常有可能是客戶沒有被說服，也別期待會議結束後會依照建

言採取任何行動。

　　理想上，如果會議中能夠充分討論或辯論，哪怕最後顧問的建言只被接受一半，我都認為是成功的。

　　客戶聘請顧問公司，是為了解決問題；而顧問公司提供的成果，是要能真正說服客戶採取實際作為，達到真正解決問題的目標。

　　正因為討論幾乎算是整場會議中最關鍵的重點，像是客戶可能會提出哪些問題、你希望著重討論的重點為何、如何才能引導客戶勇於表達看法……，都是必須經過審慎思考與計畫的。

　　BCG 偏好的討論模式，是提供客戶幾個策略選項去做比較與思考，然後透過討論的過程，讓客戶理解為什麼 BCG 會推薦某個策略。舉例來說，在會議中討論的方式可能如下：

　　「目前貴公司的競爭者中，S 公司的優勢是市占率高，
　　因此得以壓低成本，且 S 公司每年投入的研發費用是貴
　　公司的十倍，因此貴公司在高階產品線上的贏面不大；

在低階產品方面，有許多中國廠商崛起，他們使用廉價晶片，且人工便宜，得以使用破壞性價格去搶市占率，因此貴公司在低階產品線也沒有太大優勢。

雖然如此，我們認為貴公司未來有幾條路可以走：第一，完全退出該產品市場；第二，在產品組合上做重整，把資源集中在較有優勢的產品上；第三，退出中國市場，專注於發展歐美市場。

根據我們的優劣勢分析之後，發現第一條路對貴公司最有利，但這是我們的想法，不知道諸位對於這三種路線的分析有沒有什麼看法？」

以上述例子來說，若你需要說服客戶退出市場，這會是一個重大且困難的決定，就更加需要在會議中與在場的高階主管們進行充分討論。假如你一進會議室就告訴他們：「聽著，如果你們不放棄這個市場，公司就完蛋了。」可想而知大家一定會有很多疑惑與反抗，這些負面情緒更可能影響到客戶的理性判斷能力，導致他們極力抵抗你的建議。

然而，當你同時提出三四種可能的策略選項，並且把分析的過程與評定的標準都提出來與大家討論時，在討論的過程中，他們就能徹底了解與接受「放棄這項產品」，雖然是

個痛苦的決定，卻也是為了拯救公司而不得不做的決定。

排演練習（Rehearsal）

　　正式上臺前排練的重要性是不言而喻的，但多數人可能都不會真正花時間做到完全熟練，也無法不看投影片的提示，就流暢地報告完整場簡報。

　　排練的方式有很多，有些人偏好對著鏡子自言自語，有些人喜歡找朋友一起練習，也有些人會請家人幫忙檢視。無論是哪種方法，務必要在上臺前就達到不需投影片，也可以完整講出整個策略故事的熟練度。

　　在 BCG，愈是資深的顧問，就愈會推薦找家人幫你排練。原因在於，相較於一起工作的團隊夥伴，家人可說是對你的工作內容毫無頭緒。與家人排練，可以讓你意識到自己是否說了太多專業術語，或者邏輯跳躍太大等等。然而，要注意的是，雖然你可以與家人排練，但還是要記得與客戶簽訂的保密條款。關於客戶的名字或相關的產業訊息，不該講的千萬不要脫口而出。

正式上臺時的注意事項

花了這麼多篇幅敘述上臺前的準備事項，是因為充分的準備確實是通往成功簡報的唯一途徑，而接下來分享的注意事項，實際上也必須透過不斷練習與準備，才能真正落實。

以下將諸多注意事項分成：口語表達、肢體語言，以及 Q&A 等三大部分。若要有好的臨場表現，除了事前不斷磨練，沒有其他捷徑。

口語表達

關於口語表達的注意事項十分繁複，以下幾項基本原則提供參考：

- 口頭禪：當我們聽別人做簡報時，總是很容易就聽出對方的口頭禪。中文的「就是」、「那個」、「然後」，或是英文的「you know」、「well」、「just」，都是大家耳熟能詳的口頭禪。要改掉口頭禪，第一步，同時也是最重要的一步，是要能清楚意識到自己反覆說出的字眼。有了清楚的意識之後，才能在排練或正式上

臺時，刻意阻止自己犯口頭禪的毛病。雖然你無法百分之百避免，但有清楚的意識是改進的第一步。

- **語調**：在關鍵訊息或是特別想要強調的字詞提高語調，可以幫助聽者更有效地接收資訊。你可以在排練時，特別誇飾語調的高低起伏，這樣當你正式上臺時，也能比較清楚何時該運用語調來強化訊息的重要程度。

- **速度**：在時間壓力與緊張的交互作用下，我們正式站上臺時說話的速度通常會不自覺地加快。說話速度快不僅會凸顯你的緊張，也會影響聽者吸收資訊的效果；反之，語速適中、沉穩且自信，可以加強簡報表達的說服力。改善說話速度太快的方法，最有效的是進行充分的事前演練。當你已經對簡報內容倒背如流，也能做到時間分秒不差的程度，站上臺自然不會緊張，速度的問題自然也會迎刃而解。

- **音量**：雖然大部分的人說話音量都沒太大的問題，但可以練習用音量大小來幫助你強調關鍵訊息。

- **停頓**：適時停頓可以說是精進簡報技巧中最重要的關鍵。停頓與口頭禪一樣，都是需要刻意練習的。停頓是一件不自然的事，在日常溝通時幾乎不會出現，但在上臺簡報時，適時停頓能夠引導聽者提高注意力、

進行思考等等。如何才能「自然地」停頓呢？可以多看一些知名講者的演講，過程中盡量觀察他們是如何運用停頓，讓演講變得更生動。

- 發音：所謂發音，並非要求你得說一口京片子或道地英文，而是要能字字句句把話說清楚，避免含糊不清地匆匆帶過字詞。

- 用詞：簡報最忌諱故意咬文嚼字，或是充斥著只有顧問業熟悉的術語或縮寫（順帶一提，最好別在客戶面前用 MECE 這類顧問專用術語）。滿口術語並沒有辦法幫你在客戶面前創造更高的附加價值，反而會讓人覺得你像住在象牙塔裡似的，不懂如何有效溝通。除此之外，簡報時盡量選擇正向的字詞，例如用「有改進空間」來取代「極差」等等。

肢體語言

　　肢體語言也是一項需要刻意練習的能力，每個人都有無意識的習慣動作，雖然大部分人的習慣動作並不會對簡報造成重大的影響，但卻也是想要精進簡報技巧的人，可以努力改善的領域。

- 眼神：大多數人都知道簡報時與聽者有眼神交會的重要性，比較理想的眼神交會模式，是與坐在不同方位的聽者，都有真正「對焦」的眼神交流，而不是匆匆掃過的「一瞥」，建議可以停頓至少 3 ～ 4 秒的時間。若聽者中有重要人物，例如客戶公司的執行長、董事長等，只需要分配大約 50% 的時間是與他們做直接眼神交流，不能因為有重要人物在場而忽略了其他聽者。

- 手勢與動作：適度的手勢與動作能幫助你的簡報更生動，但底線是不會「過多」或「過大」，以致分散聽者的注意力。每個人不自覺反覆出現的手勢與動作都不同，最好的改進方法，其一是錄下自己排練或上臺簡報的樣子，然後記錄有哪些動作需要改進；其二是請朋友或工作夥伴在聽完簡報之後，直接給你回饋與建議。

  肢體語言是一門藝術，很難一言以蔽之，或許你在簡報時的肢體語言並沒有太大問題，但找機會看看自己簡報時的錄影，可能會發現更多可改進之處。

Q&A 問答時間

　　一場簡報會議的最後階段，通常是與客戶進行問答的時間，很多時候客戶甚至在你還在簡報時，碰到他想更進一步了解或有疑問的議題，就直接打斷你的簡報。因此，是否培養出妥善應對 Q&A 的臨場反應，是決定一場簡報會議成功與否的關鍵。

- 第 0 步：停頓兩三秒

  當客戶提出問題時，你要做的第一件事就是停頓兩三秒。停頓的目的在於，確定客戶已經表達完他想問的問題。有時候你以為客戶已經說完了，便急著回答，可能會變成你打斷他說話，造成在禮節上的大失誤。停頓的另一個好處，是你因此有時間整理思緒，決定該如何回答。雖然「停頓兩三秒」聽起來很不自然，但在實戰中卻是不可忽視的小細節。

- 第 1 步：複述問題

  為了確保正確理解客戶所提出的問題，在回答以前，最好能複述一次，與客戶進行確認。所謂複述，並非要一字不漏地重複，而是簡短表達。若急著回答卻答非所問，會讓你的可信度大受影響。

- 第 2 步：回答問題

　回答問題的關鍵在於「誠實」。如果客戶提出的問題，剛好是你沒準備周全的，千萬不要胡扯，甚至欺騙客戶。老實地承認「不好意思，這個問題我需要再花時間研究，容我們會後回覆」，或者答應客戶，會把這個問題帶回公司與該領域的專家研究，之後再回覆他等等。總而言之，誠實為上。

- 第 3 步：確認問題

　回答完客戶的問題後，別忘記要再次向客戶確認是否回答到他所提出的問題。這雖然只是小細節，但你的專業程度高低，很大一部分即是取決於小細節上頭。

　想要精進簡報技巧，靠的是充分的準備，以及不斷地練習與修正。大部分能夠踏進顧問業的人，都有著高於一般水準的簡報能力，但即使是這些原本就對簡報游刃有餘的人，進入 BCG 之後還是需要經過一番磨練，才能真正駕馭簡報的技巧。試著用最高標準來要求自己，多觀察、多準備、多練習，正是精益求精的不二法門。

除了簡報，遊戲也能幫助你說服客戶

簡報只是與客戶進行溝通的其中一種方法，為了要說服客戶，進而促使客戶付諸行動，以實踐策略的目的，有時候簡報不見得是最好的方法。這裡將分享另一種 BCG 常用的會議模式：實戰遊戲（war game）。

所謂實戰遊戲，由字面上來看，其實就是一種模擬遊戲。使用實戰遊戲的好處是，當客戶實際加入遊戲（或戰場），設身處地由不同競爭者的角度去思考問題時，更能徹底理解不同策略可能造成的後續效應從何而生。

舉例來說，假設客戶是臺灣某家電信業者，這次找你來是想評估，究竟是否應該提供消費者 5G 上網吃到飽的服務。

在實戰遊戲中，顧問會事先製作相關的「模擬機」。「模擬機」是指在電腦中建立相關的公式與函數，包括消費者對於價格的敏感度、影響市占率的要素等等。當

然，這些公式是根據顧問的研究與分析而建立，並不是
隨便做做而已。

　　有了模擬機之後，顧問會請在場其中三位主管分別代
表臺灣電信業的三大龍頭公司，分別提出各自認為若要
提供 5G 上網吃到飽的方案，自己會設定什麼價格。

　　透過模擬機的分析，只要輸入三位玩家設定的價格，
立刻就能看出市場占有率會有什麼樣的變化。

　　實戰遊戲的功用在於，假設你今天研究出的結果是
「要取得 5G 市占率，吃到飽的資費設定並非最重要的
關鍵」，但客戶從頭到尾卻只想知道：「我們公司的 5G
上網吃到飽，到底要設定在多少錢？」你希望徹底說服
他：「資費設定並非最重要的。」那麼只要玩一場實戰
遊戲，馬上就能讓他理解，原來爭取 5G 市場占有率的
關鍵並非只有吃到飽的價格設定，其他部分，包括非吃
到飽的資費設定與對應的服務內容也很重要。

　　設計實戰遊戲的難度很高，客戶也會對你所設定的公
式追根究柢、想要知道你是如何計算出來的，所以絕對

不是隨隨便便就能設計出來，而是需要事前針對消費者
與競爭對象做詳盡分析，才能得到有效的參數設定，模
擬出的結果才會準確。

　　或許大部分的人都不會實際使用到實戰遊戲，但由此
也可以窺見，當你想要說服死抓著過時觀念不放的固執
客戶，常常需要付出更多心力、用更多證據與技巧來說
服他。

如何以專案管理
建立解題團隊

「帶著終點線起跑。」

—— 史蒂芬・柯維（Stephen R. Covey），《與成功有約》作者

專案管理究竟在管什麼？

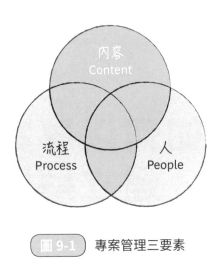

圖 9-1　專案管理三要素

　　在不同的行業中，專案管理囊括的範疇皆有所差異。大眾對「專案管理」的普遍認知，不外乎是管理專案的資源，所謂資源則包括時間、人力、物力……。在這個認知下，專案經理要負責控管專案的進程、分派任務、溝通協調等等。

　　在顧問業中，專案管理包含三個元素：內容（content）、人（people）與流程（process）。雖然在這裡提供給大家的專案管理技巧與概念，是從顧問業的角度出發，但仍

然可以擴展應用在各種類型的商業專案，或是大型的公用事業等等。

商業專案與工程、研究等類別的專案，兩者最大不同之處在於，商業專案往往沒有一個明確的目標，不只是目標，大部分的狀況甚至是連「問題」在哪裡都毫無頭緒，就必須在幾週內快速幫客戶解決問題。可想而知，專案經理的管理品質優劣，絕對會影響團隊的成果。

以下將分別就專案管理中的內容、人、流程的面向進行討論，雖然一個好的專案經理應該要在這三個面向都有良好的管理能力，但若以顧問業的專案性質來說，與其他行業的專案管理相比之下，差別較大的應該是在內容管理上。

管理「內容」就是管理「假說」

顧問業最重要的就是內容，內容是客戶付錢聘請你的原因。在顧問業中，作為專案經理的角色，某種程度上甚至可以說，只要能把內容管理好，其他像是人或流程的面向只要

不出大亂子，就算是個稱職的專案經理了。因此，對顧問公司的合夥人來說，他們期待專案經理最基本的能力，就是要能管理內容、推動內容、進化內容。

以 BCG 的專案管理來說，可以把「內容」想像成是「假說」。管理內容，就是成功地訂出假說、進化假說，並提供 insight 給客戶。說起來很簡單，但當你面對的是一個連問題在哪裡都不確定的狀況，手上又有成堆的資料等著你去從中挖掘出有用的資訊時，該從何處下手？該往哪個方向前進？哪些資料有價值？哪些資料才是正確的？……作為一名專案經理，必須在專案一開始就能大致回答上列這些問題，給你的團隊一個清楚的方向。最初產出的假說與方向不一定正確，但專案經理要能夠快速地修正假說、進化假說。

什麼是「工作計畫」？

工作計畫（work planning）是管理內容的重要工具，簡單來說，就是整個專案在什麼時間該完成什麼事情的清單。工作計畫可以是任何形式，每個人都能試圖做出一個最能幫助專案進行的工作計畫，只要確定該形式能夠滿足工作計畫最基本的功能與目的即可。

　　工作計畫的第一個目的，是幫助你在專案開始前，就徹底思考過一遍整個專案的進程。包括：關鍵議題為何？假說為何？需要搜集哪些資料？專案各個時間點要完成的進度為何？等等。

　　第二，工作計畫也是為了幫助你與這個專案的各方關係人溝通，包括客戶、上司，以及你的工作團隊等等，以確保所有人對於這個專案都有相同的理解與期待。

　　最後，工作計畫能夠幫你建立自信。當你面對的是不確定因素多到數不清的問題時，作為一個專案經理，你卻又必須比整個工作團隊都要提早先想清楚，接下來該往哪個方向去了解、解決問題，此時透過工作計畫來幫助你徹底思考，會讓你在領導團隊時擁有更多的自信心。除此之外，客戶與上司也會期待你在專案真正開始時，就已經有很明確的目標，所以，雖然專案經理在實際執行專案時，並不太會親自去看報告、做研究、寫投影片，但他一定是在所有工作開始以前，就已經大致掌握專案的樣貌。

　　因此，專案經理最重要的任務，是推動內容的進化，而要能夠進化內容的第一步，就是製作工作計畫。

工作計畫內容列表

專案 開始前	專案 開始後	
✓		專案內容
✓		專案目標/必須回答的關鍵問題
✓		假說
	✓	議題樹
✓		關鍵成果
	✓	工作時程表
	✓	重要會議/議程
✓		團隊組成

圖 9-2　工作計畫列表

製作議題導向的工作計畫

以議題為導向（issue-based）是顧問業經常使用的工作
計畫形式之一，原因是通常客戶在找上顧問公司以前，必
然是因為公司出現了某個問題，因而逐漸在公司內部形成共
識，認為這個問題必須解決，但光靠公司內部的力量並不足
夠，所以得向外求援。因此，無論你遇到什麼專案，背後必

然都有個問題的需求存在。使用議題樹（請見第四章）來拆
解、分析問題，做出一份議題導向的工作計畫，會幫助你規
劃專案中可能涉及的所有工作。

● 第一步：切割議題

製作議題導向的工作計畫，第一步自然是把問題相關的
議題做切割。可以將切割議題想像成拆解問題，將你面對的
大問題，拆解成數個能被解決的小問題，然後透過擊破各個
小問題，進而解決當初那個看似無解的龐大問題。

切割議題沒有固定的公式，必須依照問題本身與客戶的
需求，利用你的邏輯思考能力與實戰經驗去做分析。先前提
過的 MECE 原則，或許能幫助初學者更徹底地解析問題，譬
如要分析客戶的「行銷策略」，就從課本裡學過的「4P」（即
產品、通路、價格、促銷）作為拆解的框架，這也是商學院
學生在學校做專題報告時經常使用的方法。

然而，這種用現存框架（例如 4P、3C 等）來切割議題
的方式，在學校做作業時可能還行得通，但拿到策略顧問業
的實際戰場上，就不一定夠用了。原因並不是這些現存框架
不正確，而是因為這些已經是現有的分析架構，客戶公司內

部肯定不乏商管學院畢業的高材生，他們一定也曾用過這些框架來分析問題。尤其客戶對於自己所處的行業，絕對比你還要熟悉百倍千倍。使用現存框架來協助你切割議題，雖然乍看之下可以把問題切割地很「MECE」，但通常不會為你帶來任何有趣的 insight。

　　在專案都還沒開始之前，要能準確地切割議題，很多時候你需要坐下來與客戶討論。

　　當客戶面臨某個問題或挑戰，並建立了需要向外求援的共識之後，會向顧問公司發出一份「提案需求」（request for proposal），裡頭會簡單敘述公司目前遇到的問題背景為何、需要顧問公司最後提供哪些成果等等。這些需求雖然都是客戶已經抽絲剝繭、做過分析後所得出的結論，但從過去的經驗來看，在顧問與客戶進行些許討論之後，客戶會對原本假定的問題有更明確且深入的認知，而顧問也能從中獲益，確保完全理解客戶的需求。

• 第二步：建立初步假說
　　將客戶交託給你的問題切割成數個小議題之後，便可開始針對每個議題建立相對應的假說。譬如，議題為：「客

戶是否能在現有的營運模式下，繼續維持在產業的領導地
位？」根據你此時的判斷，假說可能為「短時間內可以，但
長期來說不能」。

此時所提出的假說不求精確，只是方便你訂定專案接下
來應該發展的方向。

• 第三步：規劃執行方法

建立初步假說之後，你必須思考該如何才能證明這個假
說的成立與否。方法包括閱讀產業研究報告、找公司內部或
外部專家訪談、找客戶端的主管訪談、去客戶或競爭者的營
業場所進行觀察與祕密訪談、參觀工廠、團隊自行研究與討
論等等。

該用什麼方法來證明假說，並沒有絕對的規則，只要能
幫助證明假說是否成立的方法，就是好方法。

• 第四步：預想產出內容與設定完成時間

決定該如何執行證明假說的工作之後，必須先預想最後
產出的內容會是什麼形式、會涵蓋哪些範疇等等。確保你
在真正開始進行研究、訪談以前，心中就已經很清楚地知道

最後要達成的目標為何，可以避免在執行的過程中淪為無頭蒼蠅。

議題 （第1層）	議題 （第2層）	初步假說	執行方法	產出	時間
1. 產業樣貌與客戶的經營策略為何？	1.1 產業趨勢？上下游？關鍵競爭者？	1.1 規模是關鍵成功要素，除非在技術上有強烈的差異化	1.1 找公司內部的產業專家，必要的話再找外部專家	1.1 到2016年的市場規模預估、關鍵競爭者	Week1
	1.2 客戶的策略？相對的競爭優勢為何？	1.2 鎖定高階（高成本）產品，垂直整合	1.2 客戶的管理層級訪談	1.2 客戶的策略分析	Week2
2. 客戶未來能夠在產業中存活嗎？	2.1 客戶的企業瘦身計畫會有成效嗎？	2.1 短時間內不會	2.1 管理層級訪談／參觀工廠	2.1 可行的瘦身策略	Week 2
	2.2 若客戶不退出，最糟的情況會是？	2.2 會繼續拖累公司整體的營收	2.2 團隊分析	2.2 繼續經營的損益分析	Week 3
3. 如果以客戶目前的商業模式無法繼續存活，有機會出售或退出市場嗎？	3.1 賣得出去嗎？	3.1 潛在的買家可能是現有的競爭者、客戶或合作對象	3.1 團隊分析、管理層級訪談	3.1 可能的買家列表，以及個別評估	Week 4
	3.2 如果賣不出去，退出市場要花多少錢？	3.2 計算固定資產／合約的價值與罰金	3.2 團隊分析、管理層級訪談	3.2 退出的成本預測與分析	Week 4
	3.3 要執行3.1與3.2，分別的計畫為何？	3.3 待討論	3.3 團隊分析	3.3 出售及退出的損益分析	Week 5

圖 9-3　議題導向的工作計畫表

　　專案進行的過程中，通常每週都會需要向客戶回報進度，確認專案的方向是否正確。客戶每次與你開會時，都會希望看到專案有新的發展，因此在做工作計畫時，盡量以與客戶見面或開會的時間作為每個階段工作的完成期限，確保你與客戶每次開會時，雙方都能從中得到最大效益。

分派工作與彙整結果

　　用議題導向去制定工作計畫，優點是會幫你釐清問題的不同層面、建立假說，以及確定後續要做的執行工作有哪些等等；缺點則是，對一個需要把執行工作分派給底下顧問去做的專案經理而言，很少能夠直接以整理出來的議題作為區隔，直接進行分工。

　　以議題來分工之所以不實用，原因在於，為了證明一個議題的假說，其中會涉及的相關人可能包括競爭者、消費者、合作廠商、客戶等等，而另一個議題的假說牽涉到的相關人很可能與之有 80% 的重疊，所以，將這兩個相關人有80% 重疊的議題，分派給兩個不同的顧問去執行，難免浪費資源與時間。因此，專案經理在進行分工時，實務上較常用

的還是以功能作為區分。例如一個顧問負責消費者分析，另一個負責通路調查，最後一個則去分析競爭者的策略等等。

如果最後要呈現的成果是以議題導向區分，分工時卻是用功能類別區隔，那該怎麼確定當初列出的議題能被解決？

專案經理的重要職責之一，就是把議題拆解成不同的功能分派給顧問去研究、執行，再把顧問完成的成果拿回來統整，以解決當初提出的議題，而這也是決定專案經理管理內容能力優劣的重要標準之一。

製作成果投影片

BCG 的專案經理本身不太涉入執行專案的實際工作，而是完全分工給下面的顧問去做。那是否代表專案經理在做完工作計畫、分工完之後就沒事做了呢？

事實上，專案經理在分工完之後，就得立刻開始製作投影片。此時這份投影片裡，還無法填入確切的內容，但已經要能夠大致呈現出整個專案的論述邏輯與故事線，譬如前五頁講產業，證明 X 假說，裡頭該有哪些圖表；接著要有五頁

講消費者，證明 Y 假說等等。這也正是我們前面提到的幽靈簡報。

在工作都還沒開始前，就先做成果的投影片，最重要的功用在於，這可以幫助顧問團隊在分頭去進行研究與訪談時，都能在白紙黑字上很清楚地看見他們最終的目標為何。

管理「人」就是管理「人的需求」

顧問業的專案經理，需要「管理」的對象大致分成三類：客戶、合夥人、團隊。而所謂「管理」，是指了解對方的需求之後，以適當的行動做出回應。

雖然先前曾說顧問業的專案經理跟其他行業最不一樣的部分，是管理內容、確保有效率地產出對客戶具有附加價值的成果，但關於「人」的管理，對於一個想要繼續晉升的專案經理而言，亦是不可或缺的能力。

你可能會好奇，當這三類需求有衝突時，到底哪一方比

較重要？顧問是不是認為「client first」（客戶第一），只要客戶高興就好？

其實並非如此，平衡三方需求是專案經理必備的核心能力。重點不是讓某一方完全滿意，而是要避免讓某一方不滿。試想，如果專案經理只管客戶，讓客戶予取予求，專案範圍因此無限膨脹，最後團隊無法按時交付成果，負責專案預算的合夥人肯定也不會高興，最後給專案經理的績效評比一定也不會好到哪裡去。

管理「流程」就是管理「細節」

流程管理對從事顧問業的專案經理而言，雖然不是決定其附加價值的最重要因素，但若流程管理上出了問題，對於專案的進行也將有極大程度的影響。相對於管理內容與人，管理流程需要細心與耐心，必須不厭其煩地照顧好所有看似枝微末節、但卻能幫助專案進行得更順利的細節。以下提供幾個大原則作為參考，根據我的經驗，掌握這幾點就能好好管理流程。

千頭萬緒時，把所有事情寫下來

從顧問晉升為專案經理之後，需要處理的工作事務數量也會跟著增加好幾倍，因此，必須盡快在專案開始後，甚至在專案開始前，就先著手製作團隊共享的工作行事曆，以及各種形式的待辦事項清單。

這些在團隊工作行事曆、待辦事項清單上的事情，要盡可能詳盡，即使是「回信給某人」、「跟某人確認進度」等等的小事，也要盡量養成寫下來的習慣，或者記在手機、電腦裡。雖然這只是個小小的動作，看起來似乎微不足道，但當你要處理的事情滿坑滿谷時，很容易就會遺忘這些小細節。反過來說，人的大腦一次能夠處理的資訊有限，如果你需要反覆花費心力提醒自己記得去辦這些小事，將會嚴重影響到你思考大方向的能力。

若想成為一個讓團隊信任、讓客戶安心的專案經理，必須要有三頭六臂處理各種大小事。能寫下來的，就別花費精力記在腦袋裡。

保持與各方的溝通順暢

　　專案經理是客戶、團隊與合夥人之間的溝通橋梁,但專案經理的功能不是傳信人,而是要像各方訊息的集中倉儲,隨時掌握三方的需求與進度。專案經理可以透過會議與非正式的訊息交換,在專案進行的過程中,確保三方對於專案的目標有相同的理解。尤其在領導顧問團隊時,當顧問們已經為了分析、訪談等工作忙得不可開交時,專案經理必須更加

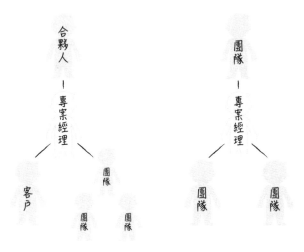

圖 9-4　專案經理是協調與溝通的中心

留心去確認顧問是否隨時把專案的大目標放在心上，而不會因為忙過頭而走偏了方向。

心中有清楚的優先順序

專案經理要處理的事務數以萬計，為了不在這茫茫工作海中迷失，需要培養的一項關鍵能力，就是搞清楚事情的優先順序。檢視任務的「重要性」與「緊急性」：哪些是需要馬上完成的緊急工作？哪些是重要的工作？哪些是重要且緊急的？哪些是不重要也不緊急的？到底該先做緊急的工作，還是重要的工作？這些問題沒有絕對的答案，只能靠專案經理自己隨時視情況判斷，而這種判斷能力除了靠經驗累積，也別無他法。

一般而言，專案經理要隨時檢視專案的大方向是否與目標一致，最重要的是確認要交付給客戶的重點項目是否有穩定進展。有了大目標之後，用「第二週以前我要完成哪些事」來思考你的工作進度，而非「明天我該做什麼」，如此一來，才不會被工作追著跑，並且在專案的執行過程中隨時掌握自己與團隊的進度。

成功的專案管理要訣

要成為一個好的專案經理，需要的能力與顧問不盡然相同。BCG 也有很多十分優秀的顧問，在升上專案經理之後，卻沒能有一樣優秀的表現。

當你作為一個顧問的角色時，在專案中通常只會負責某一個類別，譬如消費者、競爭者等等，而只要能夠提出獨到的分析，並確實完成專案經理交派的任務，就能繼續在顧問業生存下去。

然而，當你成為專案經理時，就不再是主要執行專案的人，而是要把所有工作都分派給下面的顧問去做。你必須隨時看到專案的大方向；要提早在團隊開始工作以前，就提出假說、insight 來跟團隊討論；要掌握專案的進度，同時照顧好客戶、合夥人與團隊三方的需求，建立起良好的溝通管道。

顧問業是個高度競爭的行業，尤其當所有顧問都是千挑萬選的優秀人才時，要成功勝任令顧問們佩服的專案經理，

實在不容易。由於專案經理是顧問團隊的領導人，倘若專案
經理的能力不足（無論是管理內容、人或流程的能力），影
響到的不單只是專案經理一個人，而是整個顧問團隊。

　　雖然不是人人都會在顧問業內成為專案經理，但作為一
個專案經理應該要培養的能力，對於想要在各個領域成為優
秀領導角色的人而言，都是不可或缺的。

BCG 顧問的真實告白：
優秀專案經理的四大要訣

　　一個好的專案經理，在下屬眼中究竟必須具備哪些條件？接下來要詳細說明，有哪四個要素會決定專案經理的優與劣。

1. 能夠釐清團隊的工作任務

　　如果領導團隊的專案經理無法釐清專案的目標、無法讓團隊明確知道自己的工作任務，對底下的顧問而言是件很痛苦的事。原因很簡單，當專案經理搞不清楚目標時，就經常會出現朝令夕改的問題。

　　對顧問而言，如果以一項為期三個月的專案為例，在前兩週、甚至前一個月時，畢竟專案才剛開始，難免會有許多初步的假說需要修改，因此轉換專案方向是可以接受的。但我曾經歷過，到了專案後期還是不斷轉彎的情況，這就是專案經理一開始沒有釐清專案方向與工作任務，所造成的結果。

好的專案經理，在專案一開始時，會投入大量的精力讓團隊快速地不斷進化假說，到了專案中後期，基本上就不會再有太大的變動，而是專注於找資料、做分析，讓專案的內容更充實，論述更穩固。

搞不清楚目標的專案經理，會讓顧問團隊像是身在一個無止境的黑洞中工作，不知道自己身在何處、該往哪裡去、何時才能看到曙光。好的專案經理，則會讓你一直朝著隧道出口的光點前進，隨著專案的進展，你能感受到這個光點愈來愈大，離目標愈來愈近。

2. 能夠明辨工作的優先順序

顧問公司幫客戶解決問題，必須完全照著合約上列出的項目去做，所以基本上只要完成合約上所寫的需求就好。然而，顧問公司與客戶之間的合約上頭，可能隨隨便便就有上百條項目，而合約上並不會載明每個項目的重要程度。一個好的專案經理，必須在這上百項的需求中，準確判別哪幾項是最重要的、哪些是客戶最在意的。

專案經理要學會明辨工作的優先順序，才能把資源放到對的地方，先解決關鍵問題，而不是讓顧問東做一

點、西做一點。在我的經驗中，如果專案經理能清晰地排出工作的優先順序，專案八成就確定可以順利進行了。

3. 能夠提供顧問適時的協助

雖然專案經理不需事必躬親完成顧問該做的工作，但好的專案經理要能夠在關鍵時刻提供協助。

我曾經遇過一個專案經理，雖然他對於該專案要解決的問題已經有一些想法，但他卻只用一張紙簡單地畫了圖，就交辦給顧問團隊去做。

當時團隊中有許多比我資深的優秀顧問，然而，整個團隊在討論半天之後，還是沒人理解專案經理要的究竟是什麼。一個好的專案經理，針對比較複雜的想法，會試著先做出一個範例讓顧問參考。好的專案經理，不會把工作全攬在自己身上，而是會挑選特別困難、複雜的部分作為示範，提供給顧問參考。

4. 能夠保有對下屬的同理心

在顧問業，我認為最困難的是保持對下屬的同理心。這一行的工作步調很快，加上晉升為專案經理的人，必

然都是極為優秀的顧問。專案經理的工作壓力很大，當
事情一多，就有可能無法用同理心去了解底下的顧問為
什麼沒辦法更快速完成工作。

　為了能夠有效率地工作，在公司不可避免地會有一些
共同的工作習慣，但團隊的組成是多元的，這些工作習
慣可能會與個人的工作習慣有所衝突。好的專案經理必
須意識到這些差異，並去了解問題的根源，幫助下屬一
起解決問題，讓團隊的效率能夠因此提升。

　如果用誇張一點的方式來形容，在一個好的專案經理
底下工作，能讓每週 60 小時的工時感覺像是 40 小時；
在一個能力不足的專案經理底下工作，能讓 40 小時的
工時痛苦得像是 60 小時。

【結語】

徹底解決問題的關鍵，在於改變

　　顧問的使命在於創造價值、幫助客戶解決問題，而不是把客戶已經知道的知識，以花俏的簡報呈現給執行長。也因此，對 BCG 而言，一個真正成功的專案，並不只是進行一場精采的簡報，而是客戶因為你所提出的策略建議而做出改

圖 10-1

變，並成功突破瓶頸時才算數。

　　BCG 喜歡用三個字來形容客戶服務：insight（洞察）、impact（影響力）與 trust（信任）。

　　有 insight，代表你確實挖掘出問題的核心，幫助客戶用全新的視野與深度來檢視問題；有 insight，才會有 impact，基於你所提出的策略建議，為客戶公司帶來改變；有 impact，才能建立 trust，藉由改變創造價值，才能贏得客戶對你的信任。有了 trust，客戶就會回頭再找你服務，給你機會創造 insight。

　　也因為信守該價值觀，長年以來，BCG 的回頭客生意一直占八成以上。

　　回顧我多年來經手過的專案，客戶公司內部是否有成功實踐案子，關鍵不在於所做的分析有多精確、推論的邏輯有多縝密，而是在於與客戶之間是否能建立起深厚的信任感。

　　想要取得客戶的信任，你必須培養出觀察客戶需求的能力。找出客戶為何過去試圖解決該問題卻都失敗的原因，去

理解客戶在實際執行上的困難與限制。以同理心站在客戶的
角度思考問題、解決問題，才是成功的關鍵。

提出策略建議後的下一步

　　如同先前所提，策略顧問的工作並不是在提出策略建議
後就結束，而是要提供客戶一套如何在公司裡真正推動實踐
的方法。在 BCG 的實戰經驗中，成功實踐策略建議，需要
完成三階段任務：

圖 10-2　客戶得以實踐策略的三個準備階段

第一階段：心理準備（Readiness）

　　這階段的目的，是讓客戶理解改變是「有必要的」、「急

迫的」。換句話說，要讓客戶有一個強烈的「改變的理由」
（case for change）。

　　為了促使客戶做出改變，必須讓他們理解整個世界、產業都正在急遽地變動。想要繼續參與這場商業戰局，甚至得到勝出的機會，就必須跟上世界改變的腳步。

　　策略顧問必須讓客戶理解自己目前的處境、看見問題的核心，同時描繪出未來該付諸行動達到的目標，規劃出整體的策略藍圖。這也是為什麼運用實際的數據資料進行分析，會是策略顧問的核心能力。為了提供客戶一個在理性上能夠被說服的策略藍圖，所有資料都必須禁得起考驗。當你的策略建議經過與客戶密集的討論之後，若雙方大致上能達成共識，就可以讓客戶在理性層面能充分理解，以及被徹底說服。

　　有些時候，顧問甚至要透過一些模擬來提出具體數字，讓客戶體會到如果再不改變，三年後公司的獲利會如何惡化、大家的績效獎金會縮水多少，客戶才會覺悟。

第二階段：自發行動（Willingness）

一旦大家的危機意識被喚醒，認為公司必須改變，接下來，就是要協助說服客戶公司內部從上至下都願意參與改革。

若想真正說服客戶，感性層面的因素有些時候甚至比理性還重要。你與客戶之間是否能建立深厚的信任基礎？你與客戶是否能保持良好的互動？你是否能充分滿足客戶的隱藏需求？這些軟性能力（soft skills）往往需要藉由長期的經驗累積來培養。剛入行的顧問，前三年接觸到的通常都是以分析、研究、製作簡報等硬性能力（hard skills）為主，等到晉升為專案經理後，才會開始接觸軟性能力。由此可見，軟性能力在策略顧問業中，可以算是較為進階的技術。

當策略方向被公司高層採納之後，策略顧問需要的，便是利用這種軟性能力來建立與公司中高階部門主管、員工之間的信任。

為了讓公司全體上下齊心達成改變的共識，實戰中常會以領航團隊（pilot team）的方式作為第一波試營運。在大部

分的情況中，為了因應具有突破性的新策略，公司從組織、文化到能力，都必須有大幅度的調整。領航團隊的功用，在於培養參與的中高階主管擁有足夠的信心，讓他們有自信能夠帶領員工往新的策略目標邁進。公司裡只要有 10 ～ 15% 的人衷心相信新的策略方向具有必要性，而且能真正將公司帶往更高的層次，這樣的決心與信心就能散播到公司內每一個人身上。

顧問是否能幫助客戶建立起自發行動力，是決定新的策略方向能否徹底落實的關鍵。

第三階段：實踐能力（Ability）

對於客戶來說，如果只有決心要進行改變，但卻不知從何做起，難免會產生心有餘而力不足之感。因此，策略顧問的任務之一，就是要幫客戶「賦能」（enablement），建立起一套搭配新的策略方向所衍生出的教育訓練、工作程序、管理辦法等等。

策略顧問不是一門紙上談兵的行業，對於 BCG 而言，當提出的策略建議無法在客戶公司內部獲得實踐，就不能算

是一次成功的專案。策略顧問除了要提出兼具針對性與獨創
性的策略之外，還必須推動客戶的自發行動，並在各個層級
上提供必要的能力協助。

　　真正有智慧的策略顧問，不會自視甚高地覺得自己比客
戶聰明，而是在自信之餘也保有謙虛的態度。策略顧問的
專長是解析問題、設計商業模式，以及高效率的問題解決技
巧，另一方面，客戶所擁有的，是在該產業打滾了數十年所
累積的技術與經驗。策略顧問與客戶最理想的相處模式，是
像一個各展長才的聯合團隊，用雙向的知識交流，一起往共
同的目標邁進。

「做中學」會帶來最大成效

　　至此，本書完整介紹了 BCG 策略顧問必備的核心技能，
包括：如何「想」——思考、分析、解決問題；如何「說」
——在客戶面前進行強而有力的簡報；如何「寫」——撰寫
投影片、編織策略故事；如何「管」——管理內容、人、流
程。這些也是 BCG 顧問在有能力提供具 insight 的策略建言

之前，必須先做的基本功。

　　光有 insight 可能還不夠，策略最終還得要落地實施。協助客戶產生改變、提升績效，才是價值創造的具體實現，也唯有如此，客戶才會信任我們，才能建立長期的合作關係。

　　無論你是否身處顧問業，我相信這套核心技能都會為你在職場上與生活中帶來很大的幫助。請記得，學習顧問核心技能就和學習捏壽司一樣，光看書很難充分體會，必須做中學，結合理論與實務，才能發揮最大的學習效果。

　　期待本書能幫助你打開獨立思考的大門，更有效地為你的公司、團隊，或是我們身處的這個社會創造更多價值。

致謝

感謝以下各位對本書的貢獻：

李吉仁、柳育德以及 BCG 同事，對策略顧問課一路以來的支持與付出；

陳映均、張雅淳、黃康傑、周涵卉，為本書提供寶貴的意見；

黃菁嬿、丘美珍、余宜芳、陳盈華、文及元、黃凱怡，促成本書的撰寫和出版；

最後感謝曾經參與過課堂的所有同學和專案客戶，希望這是一趟終身受用的旅程。

【附錄 I】

什麼是策略顧問？

策略顧問從何而來？

　　想看清策略顧問的全貌，必須從策略顧問這個行業的起源看起。

　　1880 年代，被後世尊稱為「科學管理之父」的泰勒（Frederick Winslow Taylor, 1856 - 1915）在一間鋼鐵廠任職的期間，開始進行工作方法與勞動時間的研究，並在 1911 年出版了其重要著作《科學管理原則》（*The Principle of Scientific Management*），因而被視為現代化生產的啟發者。

　　泰勒提出的科學管理方法，從現在看來不難理解：透過生產線的方式專業分工，並以碼錶精準計算生產線上每個站

圖 11-1 科學管理之父——泰勒

臺所耗費的時間，進而清楚地量化「生產效率」，以確保生產線能夠發揮最高效能。自泰勒之後，「管理顧問」漸漸有了雛形，但在其後大約 50 年間，所謂管理顧問，多半還是著重於改善工廠生產效能等問題。

從「管理」到「策略」：BCG 的出現

1963 年，韓德森（Bruce Doolin Henderson, 1915 - 1992）創立了波士頓顧問公司。他在 1960 年代發明了兩個重要的

概念，就此奠定現代策略顧問的基礎，並推翻過去商業世界的思考邏輯。

圖 11-2　韓德森在黑板上畫出著名的 BCG 矩陣（成長占有率矩陣）

1. 經驗曲線（Experience Curve）

1960 年代，BCG 在為德州儀器（Texas Instrument, TI）制定策略建議的專案中，提出了「經驗曲線」的概念。簡單來說，經驗曲線就是「每單位生產成本」與「累積生產量」之間成反比的關係。換言之，隨著工廠所累積的生產量提高，將會降低生產每個產品的成本。

BCG 當時提出經驗曲線的概念，之所以具有時代顛覆

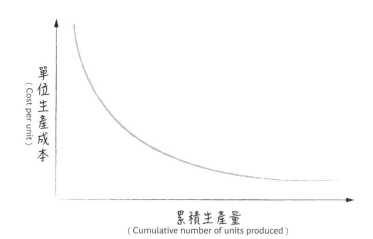

單位生產成本
（Cost per unit）

累積生產量
（Cumulative number of units produced）

圖 11-3　經驗曲線

性，原因在於這是進入工業化時代之後，人類首次得以透過生產量來「預測」生產成本。

為什麼「預測」具有如此決定性的價值？

因為，當廠商能夠「預測」未來的生產成本，代表它得以「預知」在這個成本之下，能夠提供給市場的最有競爭力的售價。

以德州儀器的案例來看，當時德州儀器與其他大廠在口袋型計算機的市場占有率不分高下，而各家廠商生產口袋型計算機的成本也相對一致，因此大抵而言，市場上販售的口袋型計算機定價也差不多。

BCG 藉由經驗曲線，成功幫助德州儀器預測出，如果今年生產多少臺口袋型計算機，成本就能準確地降低多少。假設當時每臺口袋型計算機的生產成本是 150 美元，定價 200 美元，而在經驗曲線中顯示，德州儀器今年度若能生產 100 萬臺，成本會降為 100 美元。擁有這個預測而得的資訊之後，德州儀器因此做出一個沒有任何廠商敢做的決策：把定價降為 150 美元。

在當時，沒有廠商能想像這種幾乎「賣一臺，賠一臺」的舉動是可能的。德州儀器在降價之後，挾著價格優勢，讓原本的市占率提升了好幾倍，也因為市占率的遽升，甚至超越原先成本將降為 100 美元的預測，而達到成本只需 70 美元的生產量。在市占率飆升、毛利率提高的狀況下，德州儀器在口袋型計算機市場的霸主地位從此屹立不搖。

2. 成長占有率矩陣（Growth-share Matrix）

試想，如果你是一間擁有 100 多個子公司的大企業執行長，該如何管理分配給各個事業部的資源？

1960 年代的杜邦（DuPont）公司，在化學工業的基底之上，已經擁有全球上百個不同產業領域的事業部門。事業版圖的快速擴張，讓杜邦面臨內部資源分配的問題，以及如何決定進一步投資標的的困局。

針對杜邦的困境，BCG 當時提供的策略建議中，提出了這個甚至在當代許多策略管理教科書中，都直接稱之為「BCG 矩陣」的「成長占有率矩陣」。

矩陣的橫軸為「相對市場占有率」，縱軸為「市場成長率」，因此將公司上百個不同事業部分類為：

1. 金牛（Cash Cow）：相對市場占有率高，但整體市場成長率低。
2. 老狗（Old Dog）：相對市占率低，整體市場成長率亦低。

3. 問題兒童（Question Mark）：相對市占率低，但整體市場成長率高。

4. 明日之星（Star）：相對市占率高，且整體市場成長率高。

相對市場占有率
(Relative Market Share)

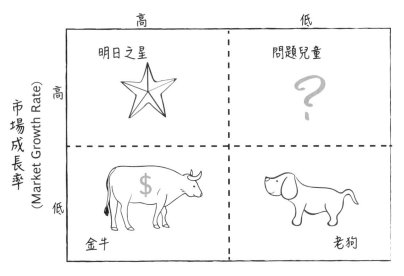

圖 11-4　成長占有率矩陣

　　成長占有率矩陣的精髓不在於分類，而是給公司兩個重要的指導原則：第一，金牛是公司主要的收入來源，但由

於市場成長已經趨緩或停滯，因此有朝一日注定會變成老狗，屆時就該捨棄了；第二，應該把從金牛身上榨取出來的資金，挹注在問題兒童身上，想辦法將問題兒童轉變成明日之星。

成長占有率矩陣提供給企業更有效率運用資源的思考方式，至今仍是商學院學生必學的概念模型。

時至今日的策略顧問樣貌

當代策略顧問的樣貌，自 1960 年代起便不斷地蛻變轉型。早期策略顧問多半以提供客戶「大思維」為主，直到 1990 年代，為了回應客戶需求，開始進一步提供執行層面的幫助，派駐顧問加入客戶的執行團隊，以便隨時依照執行面上所遇到的困難，在最前線迅速調整策略細節。

過去十年間，策略顧問開始著重於專案的落地（implementation）與客戶的賦能，意指在顧問提出策略建議、協助執行完畢，離開客戶公司之後，客戶公司內部人員仍有

能力靠自己接續完成公司的策略方針。為了能夠賦能、建立「自動性」，策略顧問至少要花一年的時間，加入客戶的工作團隊，藉由參與並且帶領團隊討論、研究、執行的方式，協助客戶建立一套符合策略方向的全新工作方式與能力。

近幾年來，由於無所不在的資訊流動、日新月異的科技創新，迫使大部分企業都必須積極尋求轉型（transform-ation），而這也成為策略顧問近年來最主要的任務。

促使企業轉型的原因，除了數位科技、全球化之外，更主要是傳統的產業區隔，在這幾年變得愈來愈模糊。如果把市場比喻為戰場，產業界線的轉變就像是敵友陣營的大洗牌。你在跟誰競爭？客戶是誰？替代的產品與服務是什麼？這些策略層面重大的問題，全都因為產業界線的模糊而必須重新全盤思考。

以個人電腦產業為例，十年前，消費者購買電腦時，考慮的是處理器速度、記憶體容量、螢幕大小等等。現在，消費者購買平板電腦，有誰會去查看處理器、記憶體？消費者不再關注這些硬體規格，他們在意的，或許是「出門時拿出自己的平板電腦，會不會丟臉？好不好看？」，導致現在

個人電腦產業已經變得像民生消費品產業似的，需要給予消費者情感訴求、貼近消費者生活。然而，在民生消費品市場所需的能力，並非傳統個人電腦大廠熟悉甚至具備的，反而比較接近聯合利華（Unilever）、寶僑（P&G）等企業的經營方式。對於個人電腦大廠而言，勢必得由裡到外，徹底改變看待產品、消費者、競爭者的角度，並建構相對應的策略行動。

在這個產業快速變動、高度競爭的時代，不只傳統產業，策略顧問的角色也不斷地進化、蛻變。舉例來說，BCG內部除了傳統策略顧問外，也建立了不少新的專家職位，像是議題專家（如供應鏈、定價、品牌、人才組織、貿易、地緣政治、工業 4.0 等），或數位專家（如大數據、AI、數位創業、數據平臺等）。必須結合各領域專家，才能有效協助客戶進行大型的轉型。

成為策略顧問必備的特質

成為策略顧問的確有許多吸引人的回饋，例如平均薪資

比一般大企業高、升遷速度快、能力提升幅度大，或是從踏進顧問業的第一天起，就有機會參與客戶的董事會，與產業中最高層級的人物接觸等等（雖然你有可能只是負責在會議室角落切換投影片而已）。但在這些光鮮亮麗的表面之下，要能成為顧問，甚至在這一行「混得很好」，確實需要某些特質。

首先是「好奇心」。在策略顧問每天的工作中，時時都在尋找 insight，而要能在各式各樣現存已知的資訊中找到 insight，最重要的不外乎是不停地問「為什麼」。好奇心或許天生具備、或許後天培養，但絕對是一個好的策略顧問必備的能力。除了尋找 insight，成為顧問，代表著可能在上班的第一週就要與客戶開會，第二週就要向客戶提出初步的建議，因此每天都需要快速吸收、內化驚人的資訊量。若是缺少學習的好奇心，將很難適應顧問的生活。

第二是「領導力」。如同先前所說，策略顧問有很多時候必須進入客戶的公司，帶領工作團隊討論、執行，領導能力的重要性自然不在話下。除了面對客戶，缺乏領導力在顧問業的職涯進程上也會造成重大問題。從顧問成為專案經理，而且要成為一個好的專案經理，關鍵因素已不只是工作

能力，而是帶領顧問團隊、引導方向的能力。

　　第三是「清晰的思辨能力」。作為策略顧問，無論是你自己、公司或客戶的時間都很寶貴，因此，在加入的第一天，就會被期待要很精確地提出獨特的見解。不但要「想得快、想得準」，更要能「說得清楚」。說來雖然有些殘酷，但在實戰中，假如你在某次與客戶開會或是對客戶做簡報時，沒能把話說清楚，又或是拖拖拉拉、讓他感覺你在浪費他的時間，情況嚴重的話可能當天就會把你開除。

　　以上三點，可能對你而言沒有 insight，因為你或許早就知道。從我自己在顧問業長年打滾的經驗來看，除了能力之外，是否進得了顧問業，還有一個最重要的因素，那就是「機緣」。

　　有些人剛好在對的時間做了對的事，因此進了這一行；有些人雖然大學時代就很有策略性地將顧問業當成目標，並且確實培養所需的能力，但缺少了機緣，還是擠不進這個窄門。這與顧問業整體而言開放的職缺較少有關。BCG 臺北辦公室每年新聘的顧問多半就只有幾個人，而全臺灣主要的策略顧問公司加起來，每年可能也不過一二十個顧問職缺，比

起一般大企業可能一次就開出上百個職缺，有著天壤之別。

　　或許你渴望成為策略顧問，也或者你絲毫不想與顧問業有任何瓜葛，但無論最後「機緣」將你帶入哪一行，學習策略顧問如何思考、如何解決問題，都能幫助你在未來職涯路上多一分準備。

【附錄 II】

如何成為稱職的專案經理

帶領團隊——具備仁心，也要激勵人心

你的團隊想要什麼？

* 高速的學習：顧問業的工時長、壓力大，週末又時常得加班，在這種精神緊張的狀況下，讓顧問們繼續往前的最大動力就是這份工作所提供的學習空間。絕大多數的顧問，對於學習的渴求，就如同吸血鬼對鮮血的渴望一樣。顧問業的工作特性之一，就是一個專案的工作量很難單由專案經理掌握，在工作量無法再縮減的情況下，專案經理有一項很重要的工作，就是確保底下的顧問隨時都在高速的狀態下學習。

- **清晰的目標**：專案經理的任務，是領導整個顧問團隊往成功解決問題的方向前進，若專案經理在一開始沒能把目標想得透澈，今天要求顧問做通路分析，明天又變成消費者分析，讓大家感覺每天都在做白工，絕對會大失人心。

- **工作與生活的平衡**：每個人能夠負荷的工作量都不同，也因此工作與生活之間的平衡完全會因人而異。作為專案經理很重要的任務之一，就是確保底下的顧問不至於工作過勞到身體出了狀況，並用盡一切努力、有效降低工時，同時維持產出的品質。

你的團隊厭惡什麼？

- **大海撈針**：意指沒有一個明確的目標，就著手去廣泛地搜集一切資料，期待能從中找到 insight。當專案經理沒能在一開始就釐清假說以及要證明這個假說需要哪些資料，就可能會犯大海撈針的錯誤，為團隊帶來極大的挫折感。

- **傳信人**：專案經理的其中一個角色是作為客戶、老闆、團隊三方之間的溝通橋梁，但若專案經理「只」負責把客戶要什麼、老闆要什麼，一字不漏地傳達給團隊，像個傳

信小弟一樣，實際上根本沒有創造附加價值，這樣的專案經理亦會讓團隊感到十分挫折。

* 不尊重個人生活：策略顧問的工作型態，確實很難避免在週末或深夜還得與身處不同時區的客戶開會的狀況，但若不是這種非不得已的狀況，專案經理還老是在半夜兩三點才寄信，要求下屬在早晨的會議中提交額外的資料，如此不尊重團隊的專案經理，也很難得到團隊的尊重。

面對客戶——提供 insight，同時讓客戶安心、放心

你的客戶想要什麼？

* 持續有突破的 insight：客戶付錢是為了得到 insight，而且是要符合當初寫明在合約裡頭的項目。對客戶來說，除了你最後呈現的成果之外，每週與客戶的會議中，他們也會希望看到這個專案有穩定的進展，每一週都能有全新的、令他們驚奇的發現產生。讓客戶感受到每週都有進展，這一點

非常重要。切忌在會議中口沫橫飛地說自己這一週做了多少的市場調查、產業研究，但是當客戶問你有什麼新發現時，你卻回答不出來。客戶要的是成果，不是你的工時多長、看了多少份報告。

你的客戶厭惡什麼？

- 搞錯問題：專案經理必須確保與客戶對於合約上的項目、要提交哪些報告等都有相同的理解。在大型策略顧問公司工作，有很多接觸外商公司的機會，即使彼此都使用英文溝通，還是要格外留意任何誤會的發生。訂定合約的過程，若有絲毫你無法有自信地說百分之百了解的項目，就千萬不要虛應故事，不懂裝懂。若到了最後簡報時，才發現當初根本誤會了客戶想要的東西，以致提供他們完全不需要的報告，這時你可能得花十倍的努力才能挽回這個巨大的錯誤。

- 得罪客戶：得罪客戶在某些情況下確實是必要的，譬如客戶方的執行長雇用你的最主要任務之一就是裁撤人力，他希望透過第三方來執行這個艱難的決定，因此你必然會得罪即將被裁撤的部門主管與員工。除此之外，得罪客戶是最不該犯的錯誤。得罪也不必然是惡言相向，更多時候是

對客戶不夠尊重。譬如你作為專案經理，在還不清楚整個專案的方向以前，就開出一張上千項的資料需求清單給客戶，要求他們把這些資料給你。客戶可能需要一整個星期準備你要求的資料，但你拿到之後卻只看了三秒鐘就丟進垃圾桶，而且客戶很輕易就能在你最後提出的成果中發現你是否浪費了他的時間，要求他準備根本不相關的資料。

滿足合夥人的要求──照顧好團隊與客戶

顧問公司的合夥人希望在專案經理身上看到的，簡單來說就是你能夠滿足客戶與團隊成員的需求。

合夥人會希望你有能力建立有 insight 的假說、每次開會都能將假說再進化，在過程中同時讓團隊保有高度的學習與成就感，而非讓顧問連睡覺的時間都沒有，但卻只是因為你搞不清楚專案的方向，讓他們犧牲睡眠在做大海撈針的工作。

BIG 371

BCG 問題解決力：一生受用的策略顧問思考法

作　　　者—徐瑞廷
文字整理—黃菁嬿
圖表繪製—簡意紋
主　　　編—陳家仁
編　　　輯—黃凱怡
企　　　劃—藍秋惠
封面設計—江孟達
內頁設計—李宜芝

總 編 輯—胡金倫
董 事 長—趙政岷
出 版 者—時報文化出版企業股份有限公司
　　　　　108019 臺北市和平西路三段 240 號 4 樓
　　　　　發行專線— (02)2306-6842
　　　　　讀者服務專線— 0800-231-705‧(02)2304-7103
　　　　　讀者服務傳眞— (02)2304-6858
　　　　　郵撥— 19344724 時報文化出版公司
　　　　　信箱— 10899 臺北華江橋郵局第 99 信箱
時報悅讀網— http://www.readingtimes.com.tw
法律顧問—理律法律事務所 陳長文律師、李念祖律師
印　　　刷—絃億印刷有限公司
初版一刷— 2021 年 9 月 3 日
初版八刷— 2022 年 4 月 1 日
定　　　價—新臺幣 350 元
（缺頁或破損的書，請寄回更換）

BCG 問題解決力：一生受用的策略顧問思考法 / 徐瑞廷作 . -- 初版 . -- 臺北市：
時報文化出版企業股份有限公司 , 2021.09
256 面； 14.8 x 21 公分 . -- (Big ; 371)

ISBN 978-957-13-9242-4(平裝)

1. 策略管理 2. 思考

494.1　　　　　　　　　　　　　　　　　110011579

ISBN 978-957-13-9242-4
Printed in Taiwan